KE XUE JIA TING BAI KE KE TANG

科学家庭百科课堂

《女友》杂志◎编

吉林出版集团 Jilin Publishing Group | 1C 吉林科学技术出版社 JiLin Science&Technology Publishing House

图书在版编目（CIP）数据

科学家庭百科课堂 / 《女友》杂志编. — 长春：
吉林科学技术出版社，2012.10
ISBN 978-7-5384-6238-8

Ⅰ.① 科… Ⅱ.① 女… Ⅲ.① 家庭生活—知识 Ⅳ.
① TS976.3

中国版本图书馆CIP数据核字（2012）第219634号

科学家庭百科课堂

编　《女友》杂志
出 版 人　李　梁
选题策划　海　欣
特约编辑　杨　光
责任编辑　樊莹莹
封面设计　长春茗尊平面设计有限公司
制　　版　长春美印图文设计有限公司
开　　本　787mm×1092mm　1 / 16
字　　数　300千字
印　　张　10.5
版　　次　2013年6月第1版
印　　次　2013年6月第1次印刷

出　　版　吉林出版集团
　　　　　吉林科学技术出版社
发　　行　吉林科学技术出版社
地　　址　长春市人民大街4646号
邮　　编　130021
发行部电话 / 传真　0431-85677817　85635177　85651759
　　　　　　　　　　　　　　85651628　85600311　85670016
储运部电话　0431-84612872
编辑部电话　0431-86037583
网　　址　www.jlstp.net
印　　刷　长春新华印刷集团有限公司

书　　号　ISBN 978-7-5384-6238-8
定　　价　29.90元
如有印装质量问题可寄出版社调换

前　言

人总是有很强烈的好奇心，什么事情都想知道，哪怕是与他无关的事情都想要去了解、并挖掘。在人类的生活环境中有很多问题都属于杂学知识，杂学的知识数不胜数，有多少好奇心就有多少杂学。生活中我们常常会遇到很多问题，例如我要出去旅行怎样才能节省并保护车子呢？在百度上搜索不到的常识！其实它的答案就在你的身边，你却没动脑筋想想这是为什么。

今天我们与《女友》杂志一同为你们解决这些生活上的难题，让普通的人也可以做到科学的处理问题并能迅速的找到答案，让你的生活不再混乱。

本书内容是由科学闺蜜们细致汇集而成的，包含文化、饮食健康、旅游、家居生活等方方面面，杂学的十万个为什么都是极富趣味的。书中内容都是以通俗易懂的方式呈现给读者，让你一目了然的知道自己的生活弊病并改正自己的不科学生活习性。让你的生活不再有烦恼。同时，也解决生活中的难题与疑惑，在这里你都可以找到答案，增长知识的时候也懂得了很多生活常识，让科学走进你的家居生活，让健康、乐活、低碳的生活为地球为自己开启环保的生活。

目录

第一章

科学闺蜜帮你粉碎
——"健康"流言

健 康

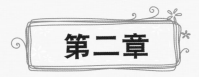

第二章

环保魔方

——帮你轻松节能

节约节能

安全省电

第三章

环保巧物妙用
——改变居家态度

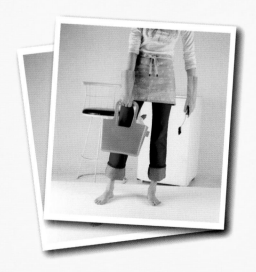

第四章

家政课堂
——还你生活质量

第五章

科学理财
——低碳消费最时尚

第六章

千里之"行"
——一切从"低碳"开始

今天你低碳了吗

打造低碳装修家园小贴士

低碳生活多素食，25种素食营养贴士

1

第一章
科学闺蜜帮你粉碎
—— "健康" 流言

健康

筷子与笋干间的距离

Q：最近网上流传着一条消息，说是有不良商家用一次性筷子制成笋干来出售，并且有实验组图为证。我可是很爱吃竹笋的人，如果这事儿是真的，我可能已经吃下不少双筷子了！

A：这个华丽转身牵涉到把纤维素和木质素处理成人类消化系统可以对付的东西，如果事情真这么简单，那不少科学家都要失业了。其实，这也是生产第二代生物能源的瓶颈所在——要把植物的木质素分离掉，再把纤维素剁成小段（分解成葡萄糖），才能制成生物乙醇。单单是处理木质素的方法就已经让科研人员焦头烂额了。对普通炉灶来说，这显然是不可能的任务！

韭菜的真实壮阳力

Q：都说韭菜有那啥功效，最近老公压力大，亚健康，为了给他鼓鼓劲，我打算执行"韭菜月"，可行不？

A：韭菜特殊的辛香味本来有希望成为新的生物农药（抑制真菌，还能驱赶害虫），但直到现在，还没有发现它们能作用于人类的生殖系统。再说"韭菜壮阳论者"所大力宣传的锌成分，其实韭菜的锌含量相当低，如果锌真能支配雄性功能，还不如吃两朵香菇来得直接。锌的主要作用其实在于促进雄性器官的正常发育，并维持精子活性。至于想借助它们提升男性雄风，恐怕有些勉强。因此，用韭菜代替"小蓝丸"是不现实的。

"激素牛奶"能否喝？

Q：说起现在的牛奶，很多人会脱口而出"现在的牛奶都是激素催出来的，味道营养都不行……"，我家都快禁奶了！能否开禁，请科学达人们明示？

A：利用生物技术合成得到的牛生长激素被称为"重组牛生长激素"，简称为rbGH，现在我们省略复杂的科学实验过程，告诉你一个结论：

人体能够从牛奶中摄入的最大rbGH剂量——比如一个10公斤的孩子每天喝1.5公斤高浓度rbGH的牛奶，其剂量也只有每公斤体重0.0075毫克，远远低于实验中不会导致抗体反应的"安全剂量"——0.5毫克。

此外，有的牛奶生产厂家打出了"不含激素"的标签，被美国食品与药品管理局（FDA）所禁止。因为牛奶中天然含有激素，"不含激素"的牛奶是不存在的，这样的标注与事实不符。于是又有牛奶商打出"不含rbGH"，但FDA认定：使用或者不使用rbGH的牛奶没有实际上的差异。

绿豆汤为何一煮就变色

Q：一家老小都爱喝绿豆汤，可为啥我家的绿豆汤一煮就变色啊，是技术问题吗？

A：如果用纯净水来煮绿豆汤，不仅汤色碧绿，而且放很久都不会变色。这一方面与水的酸碱度有关，另一方面与其中的微量离子有关。北方的自来水是碱性水，煮绿豆汤之后，两分钟之内就能看到明显的颜色变色特别快，倒出绿豆汤之后，两分钟之内就能看到明显的颜色变化。

但是，用自来水煮绿豆汤也不是不可以保持绿色，只要略加一点柠檬汁或白醋调整酸碱度，就会好得多。可不能加太多，更不要让水变成酸味，只要调到pH 6就可以了。调好水，再煮绿豆清汤，就不易变色了。即便存放半小时，仍然能保持好看又健康的绿色。

离不了添加剂的白馒头

Q：我想要白白胖胖的大馒头，但不要添加剂的，行吗？

A：这个真不行！不加氧化剂，馒头就不可能是白白的，而是淡黄色。不加氧化剂，馒头就不会那么膨大，"胖"不起来。想馒头买到手还是"胖"得可爱的柔软状态，没有变干长霉，离开乳化剂和防霉剂那是做不到的。

除馒头之外，花卷、发面饼、包子、豆包、发糕之类各种主食品都有同样的问题。真正令人担心的，并不是在馒头中使用的柠檬黄、防腐剂之类的添加剂，而是添加剂的数量、品种是否合适。这些使用剂量都有严格限定，绝不是小作坊就能搞定的事情。所以，选择产品需谨慎。

老酸奶里的增稠剂有害吗？

Q：最近"老酸奶"很热，据说里面加了增稠剂，对人体有害？会影响营养吗？

A：酸奶是乳酸菌发酵的产物。乳酸菌发酵会使牛奶自然变黏，并不需增稠剂。但酸奶能黏到什么程度，主要跟牛奶中的固体（乳糖、脂肪、蛋白质）含量有关。一般认为，牛奶中的脂肪会增加心血管疾病的风险，所以人们倾向于减少奶制品中的脂肪，甚至干脆食用"无脂奶制品"。脱去了脂肪的牛奶固体含量更低，厂商为此会加入一些食物胶，这些成份的加入，一方面使得酸奶足够"黏"而成为通常的半固体，另一方面也可以在一定程度上模拟脂肪的口感。这些食品胶就是通常所说的"增稠剂"，其本身就是常规的食品原料，于健康无害。

如果吃酸奶的目地是为了牛奶中的"营养成分"，那这样的"老酸奶"还不如普通酸奶。

18

听说国外也有瘦肉精?

Q: 美国、加拿大WHO和FAO允许使用的瘦肉精是雷托巴胺,正常使用下对人体无害。

A: 但中国所说的瘦肉精一般是克伦特罗,它本身就对人体有害。

科学的防辐射食谱

Q 生活中的电子产品越来越多,为了防辐射,我家餐桌上由"养生食谱"转为"防辐射食谱"——专家能给推荐些科学的食谱吗?

A 一般来说,国外的"防辐射食物"较广泛,如矿物质、抗氧化剂、发酵食品、膳食纤维、海生植物肪酸等。这些食物其实不管它能否防辐射,作为均衡饮食的一部分都应该吃的。

在健康领域,食品成分降低"辐射"对于身体损伤的研究还真是不少,不过一般是针对紫外线、X光这样的辐射。有许多食物成分,比如维生素C、维生素E、胡萝卜素、植物中的多酚化合物甚至多糖等等,有一些初步的动物实验,显示"可能有作用",但也没得到充分证实。

据前年日本核电站泄露有相似之处的辐射是癌症病人的放疗。在靠谱的放疗指南中,确实有放疗中和放疗后的饮食注意事项。不过这些指南只是帮助病人正常进食,保证充分的营养摄取。

其实日本核辐射的扩散情况完全处在严密监测之下,在目前的经济和技术力量之下,保证被扩散地区的居民及时撤离和避免被放射性污染的饮食,都不难做到。

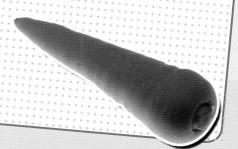

连吃鸡蛋也不安全了吗？

Q：听说美国有公司召回了五亿只鸡蛋，是什么原因呢？

A：此次召回是因为鸡蛋感染了沙门氏菌，感染者一般在12～72小时之间出现症状，普通症状有发烧、腹绞痛、腹泻、头痛、呕吐等，少数严重的会导致死亡。好在沙门氏菌不算一种特别"顽强"的细菌，在充分加热的情况下，杀死它们并不难。作为消费者应不要迷信"土鸡蛋"或"有机鸡蛋"，蛋买回家后立即冷藏。吃时充分加热，不要吃生鸡蛋或者没完全煮透的鸡蛋——固然，在多数情况下，可能不会吃出问题，但只要"问题"一次就麻烦了。

胖豆芽是被激素催长出来的么

Q："体型健硕"的豆芽菜总是让我心生疑虑，流行的说法是，这种豆芽是用化肥和激素催长的，事实真是这样吗？

A：不要听到激素就紧张，像吲哚乙酸这样的生长素只对植物生长速度起作用，跟人的激素没有关系。再者，吲哚乙酸的毒性很小，没有必要害怕它那顶"激素"的大帽子。当然，如果是用一些更廉价、效果更明显的植物激素，人体有可能产生急性中毒（对肠胃和肝脏产生损伤）。

事实上，在豆芽萌生时加化肥是吃力不讨好的事情，因为这个阶段，迅速发育的豆芽所需的营养物质几乎都来自种子里面的储备，等到胚芽中的绿色叶片真正长成时，才需要外界矿物质供应，开始新一轮的营养生产。而在豆芽展开绿色叶片需要外来营养之前，已经成我们的桌上美餐了。

减肥药里有健康"地雷"

Q：肥胖我所不欲也，药物副作用也是我所不欲也——听说不少减肥药虽能快速有效减肥，却会出现一定比例的严重心脑血管并发症？

A：没错！含有"西布曲明"成分的减肥药就是这样，对于一个药物来说，绝不是说批准它上市就意味着它绝对安全了。相反，有些不良反应由于发生率相对较低，在上市前的小规模临床试验中是发现不了的，只能在上市后继续监测药物的安全性。而西布曲明就是在上市后监测中被发现的，它会使部分使用者产生严重的心脑血管等不良现象。在市面上含有西布曲明成分的药品有很多，有雅培公司的诺美婷，以及颇有知名度的"曲美"等。

专家评论医学中几乎没有绝对安全的减肥方法，就目前来说，减肥最好就是饮食控制和体育锻炼等最安全的方式。切记节食不能过度，要是像美国歌星卡伦·卡朋特因为节食过度导致神经性厌食症而去世，那就得不偿失了。

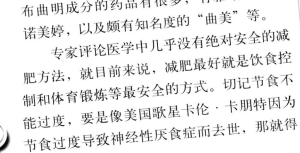

Q 我怀孕两个月了，欣喜若狂的老公买了些燕窝让我补胎。燕窝，真的能"安胎"么？

科学解析燕窝功效

A 据统计，绝大多数的自然流产发生在怀孕的前十三周，大多数情况下，自然流产跟胎儿的染色体异常有关。染色体是遗传物质的载体，染色体异常意味着胎儿有了基因方面的缺陷。其他跟自然流产有关的常见因素还有激素、感染、吸烟、药物反应、过度饮用咖啡等。吃燕窝并不会减轻这些因素的影响。

有些人觉得燕窝很滋补，可以让胎儿发育更好，但从营养学角度，燕窝实在是乏善可陈！人们能从燕窝中找到的任何营养成分，都可通过其他普通食品获得，甚至更为优越。比如蛋白质，燕窝就不如鸡蛋牛奶"优质"。

左旋肉碱真有那么神奇的减肥功效吗？

Q 左旋肉碱太火了，都说可以减肥，这东西到底怎么样啊？

A 作为一种氨基酸的衍生物，肉碱其实在细胞内广泛存在。左旋肉碱在体内的作用的确很重要，缺乏了也确实"后果很严重"。不过，对于健康人来说，身体会自己产生足够的量。

食物中的左旋肉碱主要来源于红肉，比如牛肉、猪肉、羊肉，吃肉的人，从食物中摄入的量会多一些，吃素的人摄入量则相对较低。

此外，人体对于左旋肉碱在体内的浓度有自动调节的能力。摄入量少，人体就会比较好地积累；摄入量高，人体就会通过尿液排出一部分。

而当它被放作减肥用品销售的时候，推销的其实只是一个减肥的"构想"，而不是有根有据的"事实"。

转基因，安全吗？

Q：我现在看到"转基因"这词就犯怵，现代食品的安全性真不让人放心！

A：转基因是一种中性技术，它既不是天使，也不是魔鬼，关键在于人类怎么使用它。传统的非转基因食品也未必是绝对安全的。比如我们每天都要吃的盐，就已经被证明与高血压有关。

如今的食品管理法规也比过去任何时候都要严格，能够在这种监管机制下过五关斩六将，进入食品市场的转基因食品有理由得到应有的信任。此外，一件转基因产品的不安全不等于所有转基因产品的不安全。尽量选择正规超市及品牌，食品会更安全。

可乐里的致癌物

Q：我老公每天手不离可乐，他的理由是——既然美国人喝了几十年都没事，证明它的安全性没问题！真的是这样么？

A：你可以告诉你老公——反式脂肪酸也吃了几十年，但现在就是发现它有害了；糖精也用了几十年，但科学研究对它也产生了质疑，很多国家不再使用；薯片吃了几十年，到2003年，发现薯片中含有疑似致癌物丙烯酰胺。

可乐中的致癌物也是一样，随着科学的发展，它的风险会逐渐大白于天下——可乐中的焦糖色素用量很大，一听易拉罐可乐（355ml）中所含的4-MI含量竟高达100微克以上！可乐等碳酸饮料，虽非毒药，并非不可以偶尔饮用，但经常饮用，害处就相当大了。国际上的调查和研究证明，甜饮料与肥胖、糖尿病、痛风、胰腺癌、食管癌、不育、提前衰老等都可能有关，而可乐妨碍矿物质吸收的作用最强，还与龋齿、骨质疏松等疾病有关。

感冒药会让人得血癌，真的假的啊？

Q：听说"扑热息痛"这种药会导致血癌发生率？它可是俺家常备的感冒发烧药啊！

A：风险确实存在，但并不像大家想象的那么可怕。"扑热息痛"只有在长期大量使用的时候才会导致血癌的概率上升，而且上升幅度不大。只要避免长期使用，安全使用听从医嘱使用，那样是绝对安全的。

其实，即使不考虑血癌的问题，长期使用解热镇痛药也会带来不少健康问题，比如消化道溃疡、肾病、肝脏损伤等等。因此，对这类药物切不可过分依赖。如果用药之后发热或疼痛仍不好转，或者反复发作，就应该及时到医院针对病因进行治疗。

维生素B₁₇真能治疗癌症吗？

Q："如果你有癌症，最重要的就是要在短期内尽可能摄取到最大量的维生素B₁₇"这说法是真的么！告诉我！

A：维生素B₁₇指的其实是一种氰苷类物质，由苦杏仁苷衍生而来，结构与性质都与苦杏仁苷类似。虽然被冠以"维生素B₁₇"的名号，但它的维生素地位从没有受到科学界的广泛认可，也就是说，所谓的"维生素B₁₇"根本就不是维生素，也够不上成为抗癌药品的资格，对人体无益而有害——贸然用它替代正规的药物治疗只会带来病情延误和氰化物中毒的风险！

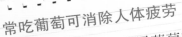

常吃葡萄可消除人体疲劳

葡萄中所含有的大量葡萄糖和果糖，进入体内后会转化为能量，可迅速增强体力，有效地消除人体的疲劳，因此常吃葡萄，对于神经衰弱和过度疲劳均有补益的作用。

劳累后宜喝点醋

不常活动的人，突然劳动或运动过度，会出现肌肉酸痛的现象。原因是劳动、运动使新陈代谢加快，肌肉里的乳酸增多。如果吃点醋，或在烹调食物时多加些醋，则能使体内积蓄的乳酸完全氧化，加快疲劳的消失。除了多吃点醋之外，吃些含有机酸类多的水果也有效。

伸展运动可恢复精力

双脚分开同肩宽，身体略微向前倾斜，然后轻轻地弯腰，十指交叉向外翻，双臂前伸。保持10秒钟，放松，再重复做。它可以减轻肌肉张力，加速血液在体内的循环，以及帮助把氧气输送到大脑等。

巧法消除春困、秋乏

春困、秋乏，一般多吃一些富含维生素B_1、维生素B_2和维生素C的蔬菜、水果，以及富含天门冬氨酸的黄鳝、甲鱼、核桃、桂圆等，就可以减轻或消除。

快步走可消除疲劳

快步走路也是消除疲劳的妙方。通过快步走路的方式消除疲劳时须注意：慢步是毫无效果的，正确的方式是一定要快步走，而且要持续15～20分钟，这样才能平衡全身肌肉、帮助大脑运动，进而达到消除疲劳的目的。

做深呼吸可恢复精力

深呼吸可以减慢心跳的速度，减少神经张力，降低血压。每天做10～15次深呼吸练习，让空气充满你的胸部和腹部，然后再慢慢地呼出。建议每分钟呼吸12～16次。

起床前巧健身

在起床前懒床5分钟，或先伸一个懒腰，可以舒展身体各部位关节，达到缓解全身的作用，再闭目叩齿36下，这样有利于健齿明目。

刷牙时巧健身

伴随刷牙的节奏，将脚后跟抬起、落下做反复运动，既可使脚踝得到锻炼，也能防止小腿肚脂肪积聚。

运动后不宜马上洗热水澡

运动的时候，流向肌肉的血液增加，心跳也增加，以适应运动所需。因此，运动后加快的心跳和血液流动，仍会持续一段时间。洗热水澡会使血液往肌肉和皮肤的流量继续大量增加。可能使剩余的血液不足以供应心脏和脑部的正常工作，导致心脏病突发，或脑部缺氧。

睡觉前巧健身

上床后可做提肛运动。方法是心情平静，轻轻提肛，稍停放松，缓缓呼气，久做可防治痔疮等疾病。

吃羊肉利于保持健美的体形

羊肉是理想的肉碱来源，这种和氨基酸类似的物质能帮助细胞"烧"掉人体多余的脂肪。

饭后听音乐有助于消化

从现代医学角度来看，美妙的音乐对人是一种良性刺激，使人体产生和谐的共振，并对整个中枢神经系统产生作用，从而对呼吸、循环、消化、泌尿、内分泌系统起到调节作用。不仅能够促进血液循环，还能够增加胃肠蠕动和消化腺体分泌，有助于消化吸收。

登高有利于健身

登高可使肺通气量和肺活量增加，血液循环增强，脑血流量增加。尤其是秋季登高，由于空气质量较好，益处尤其明显。需注意的是，登高要避开气温较低的早晨或傍晚的时候，登高速度要缓慢，上下山时须及时增减衣服以防止感冒。

常梳头好处多

头部的穴位较多，通过梳理，可起到按摩、刺激穴位的作用，能平肝、熄风、开窍守神、止痛明目等。早晚用双手指尖梳头，到头皮发红、发热，可疏通头部血流，提高大脑思维和记忆能力，促进发根营养，减少脱发，消除大脑疲劳，早入梦乡。

巧治"电视眼"

现代的人因为生活习惯不标准，同时不注意自身小细节，常常有人因为看电视不注意，而得"电视眼"，专家教你小方法，巧治"电视眼"。

1.瞅鼻尖，缓慢地深呼吸。当你吸气时，将眼睛做斗鸡状看着自己的鼻尖并同时看鼻子的两边。当你吐气时，眼睛放松恢复正常，看远方的物体，并慢慢把气吐净。

2.热敷冷冰交替治疗。先用热毛巾捂在闭着的眼睛上30秒钟，然后浸一条长毛巾到冰水里，敷在眼睛上，反复几次可达到预防效果。

舒缓眼睛疲劳小窍门

1.电脑或电视屏幕的亮度一定要柔和，对比度不能太强烈，否则就会造成眼部疲劳。所以为了您的眼睛，您可要调好您电脑或电视机哦。

2.用水浸泡药用小米草或母菊花，晾至水温适宜，然后将毛巾浸湿，敷于眼部10～15分钟。

3.经常眨眼20分钟，因为眨眼是眼部的天然按摩师。

全素饮食有风险

Q 我最近很想尝试全素，因觉得有益健康，而且据说对皮肤好，有这方面的研究吗？

A 有针对过去30年发表的关于素食主义研究论文的综述表明——不吃任何肉或动物制品的严格的素食，可能增加他们出现血栓和动脉粥样硬化的风险，这些症状可能导致心梗和卒中。

素食者应该增加饮食中的joemga-3 脂肪酸和维生素B$_{12}$，从而帮助抑制这些风险。omega-3 脂肪酸的良好来源包括鲑鱼和其他油脂鱼、核桃和一些坚果。维生素B$_{12}$的良好来源包括海鲜、蛋和强化牛奶。饮食补充剂也可以提供这些营养物质。

"全松茶"的真实功效

Q 我妈最近很粉"全松茶"，据说此茶从松柏等长寿树种的树皮和树叶中提取了一种活性物质，很有保健功效。这有科学依据么？

A 对于这种多种成分的混合物，没有证据表明它有传说中的保健功效。在国外，也有类似产品，并进行过一些小规模的短期实验，显示"可能有效"。目前，美国癌症协会的评价是"没有足够证据来支持其宣称的功能"，在市场上，它是以"膳食补充剂"名义销售的。

重色轻友有道理

Q 我的闺蜜自打和一个老男人热恋上后，明显疏远了我们这拨女友，她怎么这么重色轻友啊！难道这是女人"特质"？

A 英国的人类学家邓巴通过研究指出，"重色轻友"是有化学上的原因的——我们的大脑处理亲密关系的能力有限。他甚至算出了一个具体数目：平均每个行桃花运的人在得到一个恋人的同时，会疏远两名此前的挚友。

这也就好比大脑"主机"，只有几个USB接口，我们与外界的交流大部分也是通过这几个接口。而当要加上新的外接设备时，我们就得挥泪把某个"核心成员"放逐到外层，才能腾出空位接纳新的亲密关系。而恋情好比特别耗电的一个外接硬盘，一般要一次占据两个接口才能正常工作。于是恋人加入，两个亲密友人退让成了自然——你看，爱情的确是件奢侈品，需要时间、金钱、甚至大脑皮质的昂贵投资。

吸引人的美女脸上，有秘密！

Q 当俺丈夫注视某时尚杂志上美女长达两分钟时，我很想知道——那些能激动男性大脑的美女面孔究竟有啥特点？

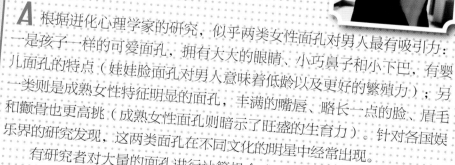

A 根据进化心理学家的研究，似乎两类女性面孔对男人最有吸引力：一是孩子一样的可爱面孔，拥有大大的眼睛、小巧鼻子和小下巴，有婴儿面孔的特点（娃娃脸面孔对男人意味着低龄以及更好的繁殖力）；另一类则是成熟女性特征明显的面孔，丰满的嘴唇、略长一点的脸、眉毛和颧骨也更高挑（成熟女性面孔则暗示了旺盛的生育力）。针对各国娱乐界的研究发现，这两类面孔在不同文化的明星中经常出现。

有研究者对大量的面孔进行计算机合成，发现越是多的面孔合成在一起，得到的新面孔越有吸引力，两张脸合成出的仅是普通人，32张脸就可以合成出美女。这可能是因为在合成中，可以调整面孔的不规则处，使之更对称。

如何"性教育"，让娃"性晚熟"？

Q 作为一名七岁中国娃的妈，我真的好纠结"性教育"这问题，是否尽量让孩子少接触这方面的东西，就能让孩子"性晚熟"呢？

A 国外对于儿童性启蒙和性教育的认识要比我们早很多。在日本称之为"纯洁教育"、瑞典叫做"爱的教育"，都是从幼稚园开始就向儿童传输性别、性差异的常识。而英国孩子从五岁起就要接受强制性教育，马来西亚规定从孩子四岁起就要教给他们一些与性有关的常识，告诉他们是如何出生的，这和我们从小得到的"石头缝蹦出来"的答案是天壤之别的，由此可见国内的"性教育"相对于来说真是很保守。

专家提议，家长对"性"教育的搪塞并非好的选择。正确的性教育可以让孩子对于自己、对于世界有更多认知，它更是一种有效的保护，同时避免孩子为满足好奇心而对"性"有不健康的提前尝试建议家长可以给孩子渗透一些相关知识。

老公越骂越糟糕

Q 婚后，发现丈夫的家务能力那叫一个差！虽然我还不至于让他罚跪电脑主板，但实在忍不住声量大一倍。这样一来，他好像越做越差，昨天愣把盐当成了糖，咸得我半夜起来喝水！本想让他化责备为动力——看样子，越骂越糟糕？

A 没错！美国曾做过一实验，结果表明粗暴的态度会带来激烈的情绪波动，而导致受批评者大脑中负责认知的那部分功能被调动起来去处理这种情绪变化，以致于不能很好地处理自己手头的工作；简单地说，就是粗暴的批评导致被批评者分心了。

人的注意力很容易受情绪的影响，尤其是粗暴的批评对于人的心理是一种很强的不良刺激，非常容易导致注意力不能集中。研究还发现，受到粗暴对待的志愿者不但个人的表现受到影响，连他们的互助精神都被削弱了。

因此，"对待同志要像春天般的温暖"这话很适合夫妻之间，比起疾风暴雨，春风化雨才能取得更好的效果。

男孩的智商全部来自母亲的遗传？

Q 我听说男孩的智商全都是来自母亲的遗传，听到这个，我老公的心一下子提到了嗓子眼哈——这究竟是不是真的呢？

A 研究人员统计了美国两千多个家庭的父母及孩子的智商数据，汇总发现，母亲和孩子之间的智商确实比父亲和孩子的相关性略强。比如，母亲和儿子的智商相关程度为0.443（相关性越接近1，两者相关性越强），而父亲和儿子的则为0.411；但这不足10%的差距实在微乎其微。因此妈妈在儿子智力遗传问题上虽负主要责任，但仅凭妈妈的聪明程度还是不能绝对预测出儿子智力水平的高低的。

想要个"试管宝贝"？

Q 有不孕症的我现在想尝试试管技术，我太想当妈妈了！请问这方面的技术现在有什么新进展吗，另外第一代试管婴儿起，是否证明它足够安全？

A 全球的不孕不育率为10%左右，有统计数据表明中国某些地区达到15%。IVF技术给这些家庭带来的希望是不可估量的。从1978年7月25日，全世界第一个试管婴儿诞生起，体外受精技术有了长足发展，手术创伤更小，成功率更高，而且还发展了另一项技术：胚胎植入前基因诊断——先用分子手段确保胚胎没有一些遗传病后，才将它植入子宫。33年来，试管技术让世界多了400万个活泼可爱的婴儿——它的安全性尽可放心。

吃药就能生双胞胎，真的吗？

Q 据说有种药可让怀双胞胎的概率明显提高？对我和老公这样疯狂想生二胎又嫌生两回麻烦的家庭，可是个大大的福音啊！

A "枸橼酸氯米芬"药通常用来促排卵，但这是一种处方药，不良反应包括：卵巢肿大、腹痛和腹胀、视力模糊、抑郁、多胎或异位妊娠、体重增加、恶心、子宫内膜异位、头痛、惊厥、眩晕、失眠、皮疹……与怀双胞胎的"概率"比，它的负面风险远远更大！

早期教育真有效吗？

Q 早期教育现在这么热，它真的对孩子成长有效么？

A 孩子的早期教育确实可以影响其认知和学习的能力，科学证明，早期经历会很大程度影响大脑和特定回路的形成。幼年时代的经历和体内激素的变化，往往比成年后的经历有着更加持久而难于逆转的效用。

因此，有质量的学前教育可以对孩子有即时和长期的好处。但早期教育并不一定是在早教机构完成。此外有研究表明，比起只有孩子自己参加的课程，由父母和幼儿共同参加的、侧重亲子互动交流的培训课程，会更大程度促进孩子各项智力指标的增长！

城市污染损害胎儿智商？

Q 我所在的城市交通拥堵，空气也不咋的。我现怀孕八个月，听说城市空气污染会损害胎儿智商，是这样吗？

A 纽约的一项调查显示，母亲接触化石燃料（如煤炭、石油或天然气等）燃烧后释放的物质，与孩子的智商降低有关联。专家调研由两个城市中超过400个女性参与的研究发现，五岁的儿童如果在胎儿时期母亲接触的多环芳香烃（或简称PAHs）超过平均水平，在IQ测试中的得分就会较低。这种化合物由化石燃料燃烧产生，在城市中无处不在。

这个IQ差异已足够影响孩子在学校的表现，甚至是终生的学习能力。而作为城市居民，在没办法避开所有污染时，你可以尽量避免在汽车尾气多的地方穿行，不使用杀虫剂、购买有机食品食用，及时关窗以阻挡空气污染并且在家里使用空气过滤器，以达到净化空气的作用，这样对胎儿有很大的好处。

此外，很重要的一点是：父母要多与孩子互动，给予孩子正面激励，才是决定孩子智商重点所在。

身体

肉毒素真的能还女人青春吗？

Q 过了35，觉得韶华渐逝，现在一笑就有皱纹，好郁闷！想问专家，肉毒素能还俺青春吗？

A 肉毒素除皱的治疗过程而显示的效果是很迅速的，只需耗费十几分钟效果就很明显，而且过程基本上不会给患者造成疼痛感，也不会有明显的肿胀和瘀血症状。其治疗剂量仅为中毒剂量的1%，因此安全性也有相当保障。但是，肉毒素并非十全十美，在安全注射剂量下，它的作用是可逆的，起效虽快，但注射半年后，皱纹或原有症状又会复萌。这时需要重新注射以维持疗效，就目前的临床观察，只要注射的部位和用量准确，反复注射治疗似乎并不会产生永久性的失神经效应。

要注意的是，美容治疗用的肉毒素并非一种保健品或化妆品，而是拥有国家批准文号的药物，应到有资质的医疗机构进行治疗。患者对肉毒素的适应症与禁忌症也应有充分的了解。另外，有一些药物——如奎宁、氨基甙类抗生素等——可增强肉毒素的作用。患者在使用这些药物期间，应谨慎使用。

Q 奔四的我很想知道，拉皮术及玻尿酸这些"焕肤"手段能多大程度拯救容颜啊？

拉皮术与玻尿酸

A 岁月不仅仅会偷走皮下的脂肪、软组织及胶原蛋白，更重要的是，它会令人体内的骨质也不断的流失，从而造成容貌改变。以面部皮肤最吸引人注意的眼睛为例，骨质流失造成眉骨与眼眶下沿骨质后退，然后使眼窝变大，眼睛凹陷，眼部皮肤则失去支撑，更为松弛。"要使这样的脸重新容光焕发，增补眼眶周围的骨骼比其他焕肤术来得有效。"一位盛名的美国整形医师这么说。

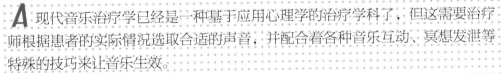

为何音乐能影响情绪？

Q 我母亲最近情绪抑郁，我想送她些CD碟——音乐是否真有助于情绪治疗？

A 现代音乐治疗学已经是一种基于应用心理学的治疗学科了，但这需要治疗师根据患者的实际情况选取合适的声音，并配合着各种音乐互动、冥想发泄等特殊的技巧来让音乐生效。

在音乐选择上也有一些原则。首先，乐曲中的低音要厚实深沉，内容丰富，中、高音的音色要有透明感，具有感染力。其次，音乐中的三要素即响度、音频、音色三个方面要有和谐感。这样搭配出来的音乐，会使患者得到"全人"或"全人性"的自我意识，让患者的个人意识增强，提高积极情绪。

作为一种辅助疗法，音乐治疗的确能疏解心理不良情绪，帮助老年人克服情绪不稳定状态等明显效果。

血型决定性格？

Q 现在血型与性格很火，二者间真的有必然联系吗？

A 性格的形成受多种因素的作用，包括先天因素、家庭成长环境、工作环境以及个人际遇等都会对性格造成影响。即便是基因完全相同的同卵双胞胎的测试结果也是如此呢，如果对五个不同的人格特质测试，也只有约50%的相似性。据此推测，血型等遗传因素对性格的影响只有五成左右，另一半影响可能取决于后天因素。

母乳喂养导致脱发

Q 我的宝宝两个月，我发现我脱发挺厉害，是和喂母乳有关吗？

A 产后脱发在医学界称为产后静止期脱发，这的确是非常困扰新妈妈的一个常见问题。几乎有一半的产妇会经历脱发症状，而脱发发生的时间一般是产后3~5个月期间。其主要原因是毛发的生长受激素的影响巨大，分娩后迅速下降的雌激素和孕激素水平会使头发迅速转入静止期（毛囊退化萎缩，头发随之脱落）。另外最新的研究发现，母乳喂养是否影响产后脱发的发生率，其实是受到营养状况不好才会影响自身激素下降。而埃及的一项研究发现，产后脱发的女性通常体内缺乏铁、锌和铜。另外，新妈妈的睡眠不足也同样会引起脱发。

因为，分娩的月份与脱发的情况密切相关，每年冬末春初，头发脱落速度本来就比平时更快，如果宝宝秋天出生，产后脱发和季节性脱发就会正好撞在一起。

一些陈旧的坐月子禁忌，如产后不洗头，也可能会加剧脱发的严重程度。

长跑健康注意事项

Q 我和老公打算在家附近开始长跑，有什么要注意的吗？

A 长跑等有氧运动给人体带来的益处显而易见，但姿势要正确——国外甚至以"跑步膝（Running Knee）"来命名那些由于不正确运动而带来的髌股关节疼痛。另外，跑步场地也对膝关节有影响，应尽量选择平整舒适的塑胶跑道，此外现在很多跑鞋都有减震设计，也可一定程度上减轻膝关节的运动损伤。运动后不宜大量喝冷饮，避免胃肠道短期内遭受过分刺激而痉挛。

接听手机时间过长真的有害吗？

Q 我先生因为工作，每天接听手机时间很长，对脑部有什么影响吗？

A 最新研究显示长时间通话会增加脑部活动，但目前还不知道这种现象是否有害。另外有专家指出，事实上增加脑部活动可能促进脑部的连接状态，甚至可能产生有益的治疗作用。

电脑族的科学健眼方

Q 我才刚四十多岁，常感觉眼睛疲劳、发涩，不会是快老花了吧？对我这样的"电脑族"，有啥"健眼"法没有？

A 研究表明，叶黄素、玉米黄素和β族胡萝卜素及维生素A一样，都是眼睛健康所需要的"特殊营养"。"好色"是眼睛的天性，多吃那些颜色黄、橙、红、紫、绿等有颜色的食品，可以给眼睛抗衰老提供最好的保障。还有枸杞，它是天然食物中含玉米黄素最丰富的食物，同时也特别富含胡萝卜素。但因为玉米黄素和胡萝卜素都不溶于水，一定要把它嚼烂咽下去才好吸收。

感冒与受凉无关

Q 天一凉，女儿常感冒，于是老人给她越穿越多——保暖真能减少感冒吗？

A 感冒在寒冷的冬天比较多见，因为冬季的寒冷的确会让人联想着凉受寒，这些又与感冒是接近的。其实，这些观念是错误的，感冒发生的关键在于病毒入浸身体，而不是着凉！一般说来，当空气湿度达50%以上时，感冒病毒可迅速死亡，但冬天的干燥恰好为病毒提供了舒适的环境，大大延长了病毒在体外的存活时间。此外，冬天室内空气不流通也会加速病毒传染。

为啥周一我总是会产生工作倦怠感?

Q 话说今天周一,我对电脑发一钟头呆,愣找不着工作状态,这是咋回事?

A 周一综合征犹如工作族的生理周期,有研究称,周一无精打采,是可以从生理学解释的。在经过周末精神和身体的卸压过程后,人体生物钟难以自律地从懒散状态回归工作步调,难以适应工作应激状态。在这天上班族血压也会高于往常。

怎样解决呢?美国著名心理医生斯科特·派克的著作《少有人走的路》,可以让"周一综合征患者"受点启发。作者谈到,"解决人生问题的首要方案,乃是自律。缺少了这一环节,你不可能解决任何麻烦和困难。局部自律只能解决局部的问题,完整的自律才能解决所有的问题。"由此见,自律乃是让自己积极起来的不二法门。

被动吸烟更容易患癌

Q 据说一个家庭内,丈夫吸烟,妻子不吸烟,妻子得肺癌的机会比丈夫还要高1~3倍?

A 这个说法并不科学。不管是被动吸烟还是主动吸烟,对健康都有损害,但哪个危害更大则尚无定论。通常来说,主动吸烟者不仅吸入自己制造的烟雾,吸入周边的烟雾(主动吸烟者常会凑在一起共同吸)的概率更大,健康会受到更大威胁。

如何拯救路盲症

Q 我很羡慕会开车的女友们，可我向来是个路盲，想到开车就心存畏惧！除了GPS还有什么办法解决路盲问题呢？

A 科学告诉我们，路盲症还是有救的。得救的方法就是一个字：练！伦敦大学学院的神经学家做过调查，伦敦出租车司机大脑中的"海马区（有记忆储存功能）体积就比其他人大，这与他们长期在街巷的穿梭有关，使得他们的海马区比普通人强劲得多。用进废退对大脑某些区域是绝对真理，而对GPS依赖，有可能某天就会手捧电池耗尽的导航仪，找不到回家的路了……

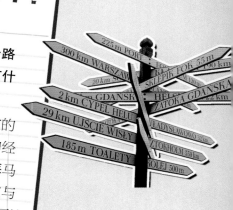

教你简单评估老人的健康状况

Q 我爹妈很怵去医院，有没有简单办法可以评估出他们大概健康情况？

A 有，比如看步行速度。美国的一项新研究称，步行速度较快的老人寿命较长。在多个年龄组别中，老年人的步速与剩余寿命均成正比关系，而且年龄越小，其预期剩余寿命的绝对值越大。这是由于步行需要消耗大量的身体能量，并对肢体动作进行有效的控制，同时还需要包括心肺系统、循环系统、神经系统以及肌肉骨骼系统在内的多个器官系统的支持与配合。

不过要注意的是，研究者并不认为那些身体不好的人只要"走得快点"就会延长寿命，步速仅仅是一种健康状况的评估手段。当然，饭后健步走还是有益的。

环保袋，洗洗更健康！

Q 家里有不少购物袋，它们是够环保的，可用上许多次，但我从没洗过它们，没关系吧？

A 全新的环保袋与全新的塑料袋一样安全，但经过反复的使用，环保袋里就会滋生出为数众多的细菌，包括来自食物的微生物，它们给健康带来了潜在的风险。此外通常家庭购物袋很少专用，这样交叉污染几乎无可避免。经研究发现，手洗或机洗就能除去环保袋99.9%以上的细菌。当然，可别把环保袋和衣服放在一起洗哦。

Waldo Pancake
mag bag

I'm not one of those bags that says I'm not a plastic bag.

Waldo Pancake
mag bag

I'm not one of those bags that says I'm not a plastic bag.

"混喝"饮料不健康

Q 最近挺时髦"混喝"的饮料，比如我老公最近迷上一种加了咖啡因的酒精饮料，说打游戏时喝着特爽！对身体不会有害吧？

A "混喝"虽然时髦，却有害健康。经调查发现，一般运动饮料与酒精饮料混合着喝的人，醉酒发生率是单纯喝酒的三倍！因为咖啡因会屏蔽掉对酒精的感知能力，喝酒者不知不觉喝下"一杯又一杯"，但咖啡因却不会帮助体内酒精的代谢。因此还是让你老公赶紧停止这种"爽喝"法吧！

"抗氧化"保健品有用吗？

Q 朋友最近一直向我推荐一种具有抗氧化功能的"保健品"，据说对美容很有效，想跟专家咨询一下，这类抗氧化保健品真的有效吗？

A 美容界抗氧化产品最近成为"美容用品"界的新宠儿，同时也成为保健界的红人。两界均出售各种合成的、天然的氧化剂产品，或者抗氧化剂含量高的"天然精华等产品"层出不穷。经专家研究发现，抗氧化剂虽然能够防止或者终止其他的氧化反应，但它们自身也有可能被氧化产生有害产物。比如绿茶、红茶和咖啡中的多酚是著名的抗氧化剂，但在生理pH和温度下，能够产生过氧化氢。而过氧化氢本身具有很强的氧化性，对细胞具有相当的毒性。

此外就算某种抗氧化剂在简单体系中显示出了"保健作用"，但在体内的复杂环境中，还会产生其他的副作用，正负相抵，结果也很难说。

因此科学专家认为，通过补充抗氧化剂来获得保健作用并不靠谱，甚至可能有害，不如多吃蔬菜水果。

其实BRA，少戴为妙！

Q 优质昂贵的BRA真的能延缓乳房下垂吗？

A 佩戴文胸时，乳房的重力被文胸所承担，原本提升乳房的韧带处于闲置状态。换句话说，韧带属于用进废退型，不用则变得薄弱而萎缩。日本和法国研究者可以为此作证。曾有一项日本调查发现，长期佩戴文胸会导致乳房更加松弛，胸围增大的同时左右乳头间距增宽，乳房显得更下垂。所以，BRA，不论贵贱，少戴为妙！

性爱"G点"的问题

Q 咳咳！听说"G点"可以通过练习变得更灵敏？

A 2008年2月人类通过超声波第一次抓住了传说中的滑头G点——那些在插入式性爱中得到高潮的女性在阴道和尿道之间有一块较厚的组织，而这意味着简单的超声波扫描就可以找出那些拥有G点的幸运儿来。

此外有科学家正研究是否毛发多的女性更有可能拥有G点，因为她们体内的睾酮水平更高，而阴蒂及G点都对这种激素有反应。另一个火爆问题是一个拥有小G点的女性能否通过经常练习来让它变大。有专家对此报乐观态度，"我完全赞同用进废退，经常使用应该能让它变大。"

手淫多了引起早泄？

Q 我先生因公派驻国外一年，这一年中他是以手淫来解决欲望问题。我听说手淫多了会造成早泄？我好担心老公回国后的"使用功能"！

A 手淫跟早泄没有直接关系，如果手淫得法且是在不受打扰的环境下进行，不但不会引起早泄，相反可以增加阴茎对性刺激的耐受力，使射精时间相对延长。当然，这并非说手淫可以完全取代性交，毕竟性欲的构成分为两部分，一为释放欲，二为接触欲，作为暂见不了面的异地夫妻，只能先解除释放欲了。

为何办公室里易发恋情

Q "办公室恋情"，这似乎是白领一族最喜闻乐见的八卦——人们为什么那么容易爱上自己的同事啊？

A 心理学及社会学的许多研究都表明，空间邻近性对于所有个体之间的关系，尤其是浪漫的关系来说，是一个最重要和最准确的预测因子。尽管我们确实是依据某些特质去选择伴侣，比如健康、好性格、共同的喜好和兴趣等等，但仅仅是地理位置就会让这个世界上99.9999%的人失去了被你选择的机会。

而为什么邻近性会是人们选择伴侣最重要的预测因子？

第一个因素是机会，第二个因素是动机——每个人其实都有与周围的人和谐相处，甚至去喜欢他们的强烈动机。第三个因素是熟悉性，即所谓的日久生情。我们之所以会慢慢喜欢一个人是因为我们越来越熟悉他，而我们天生偏爱熟悉的东西。

另外，出于各种原因，很多办公室情侣都保持着一种秘密关系，这种秘密性恰恰更加增强了他们彼此之间的吸引力。

2

第二章

环保魔方

——帮你轻松节能

节约节能

什么样的水龙头最省水

什么样的水龙头最省水，关键要看阀芯的质量。市面上常见的水龙头阀芯有三种：不锈钢球阀、陶瓷片阀芯和轴滚式阀芯。三种阀芯都具有整体性，整个芯轴为一体，具有安装、维修、更换方便的特点。其中陶瓷片阀芯价格较低，对水质污染较小，但陶瓷质地较脆、易裂，因此不建议采用。轴滚式阀芯水龙头，把手转动流畅，操作简便，具有耐老化、耐磨损的特点。最好的阀芯应属不锈钢球阀、铜球阀水龙头，它可以控制水温，确保热水迅速而准确地流出，既省水又节能。

水龙头滴漏及时修

外出、睡觉前要仔细检查水龙头是否关严，有无滴漏水现象。滴漏水的水龙头，每天耗水70升。如果是滴成线的小水流，每天可耗水340升。如不能及时

更换橡皮垫圈，可临时找个小药瓶的橡胶盖，将其剪成一个与原来一样大小的垫圈放进去，可以保证滴水不漏。

巧用洗碗机

洗碗机洗碗省时省力，却费水。通常洗碗机满周期使用，用水量是61升，不满周期使用，用水量是26升，可节省水量35升。所以你可以有选择地使用洗碗机的功能，只要把碗洗净了就可以了。

用盆接水洗碗做饭

淘米、洗菜、洗碗筷时，最好用盆接水洗，不要直接用水龙头冲。据测算，用水冲洗，一顿饭要浪费100升水。同样是洗一个碗，用水龙头冲洗用水量是11.4升，用盆接水洗，用水量是1.9升，可节省水量9.5升。天长日久这也是个不小的数目。

先擦后洗省水洁餐具

洗餐具时，最好先用纸把餐具上的油渍擦去，再用热水洗一遍，最后用温水或冷水冲洗干净。这样做比直接用冷水和洗涤剂省水，而且不会对皮肤造成伤害。

解冻食物勿用水冲

许多人从冰箱冷冻室中取出食物，爱用水冲或用凉水浸泡，这样会浪费大量的水，解冻效果还不十分理想。最好的办法是及早将食物从冰箱冷冻室中取出，放置于冷藏室内解冻，这样既省水又省电。

淘米水有大用途

许多人都将淘米水轻易倒掉，真是太可惜了。其实淘米水在生活当中大有妙用，它可以：

洗菜。淘米水属于酸性，有机磷农药遇酸性物质就会失去毒性。青菜在淘米水中浸泡10分钟，再用清水洗干净，就能使蔬菜上残留的农药成分大大减少。

浇花。淘米水中有不少淀粉、维生素、蛋白质等，可用来浇灌花木。作为花木的一种营养来源，既方便又实惠。

浆洗衣服。淘米水中沉淀的白色黏液多半是淀粉，因此，可将淘米水煮沸以后用来浆洗衣服。

去除异味。新油漆的家具，有一股油漆的异味。用淘米水擦4～5遍，异味就可以去掉；菜刀、砧板及餐具等如沾染鱼腥味，放入有盐的淘米水中擦洗后，再用沸水冲洗，可去除腥味。

避免生锈。铁制的炊具如菜刀等，切过蔬菜之后容易生锈，放在淘米水中，可避免生锈。

滋润皮肤。经常用淘米水洗手可使皮肤滋润。

洗碗。用淘米水洗碗，去污能力比洗洁精还强，碗很容易就能清洗干净。

食醋擦器皿去污又省水

砧板容易积垢和产生异味。将30毫升醋与200毫升温水混合，然后倒在已经铺好纸巾的砧板上，放15分钟，砧板上的污垢就会很容易清除，异味也会消除，还有一定的杀菌作用。这种混合液还可用于清洁沾有油污的不锈钢操作台。

厨房、客厅、卧室中被油烟熏黑，被雨淋脏的玻璃制品和门窗很难清洗，只要用抹布蘸一些温热的食醋擦拭，立即变得明亮如初。

盐去渍比水强

茶杯用久了，附在茶杯上的茶垢很难洗掉。用手指蘸少量的盐，轻轻搓擦就可以很快地清除茶垢。用久了的咖啡壶，壶壁和壶底会沉积一层咖啡垢。放入少许盐，浸泡一段时间后反复摇晃，也可洗净。蒸炖鸡蛋用过的碗里常常会附着难以清洗的蛋渍，只要在碗里放一点盐，然后用手蘸水轻轻搓洗，就很容易被除掉。

洗衣机用水量要适宜

因为洗衣机洗少量衣服时，水位定得过高，衣服在水里漂来漂去，互相之间缺少摩擦，不仅衣服洗不干净，还浪费水。小件少量衣物提倡手洗，既洗得干净又节省了大量的水。

用肥皂头清洗马桶

用纱布或旧丝袜做一个小口袋，将肥皂头装入扎紧挂在马桶的水箱内。肥皂溶在水中，便可起到清洁马桶的作用。还可以把洗衣服的水直接倒进水箱，水中的洗衣粉溶液也能起到清洁马桶的作用。这样不仅轻松去掉了马桶中的污渍，而且节省了为清洁马桶浪费的水。

洗衣前先浸泡

无论是用手洗还是机洗，都要将衣物先浸泡在流体皂或洗衣粉溶液中10～15分钟，衣物容易脏的部位，如袖口、领子等还要在浸泡后进行人工搓洗，这样做可以减少漂洗次数，起到节水的作用。

根据衣物种类调节洗衣时间

用洗衣机洗衣服时要根据洗涤衣物的种类来调节洗涤时间。不同质地、材料的衣服，其洗涤时间不能千篇一律。

毛、化学纤维类的衣物洗涤时间为5分钟；棉、麻类的衣物为10分钟；较脏的衣物为12分钟。

半自动洗衣机更省水

半自动洗衣机只有洗涤和甩干的功能，中间漂洗的过程需手工完成，虽然费了些力气，但是省水效果极为惊人。

全自动洗衣机采用洗涤一次、漂洗两次的标准程序，至少使用110升水；而半自动洗衣机每次容量是9升，一缸水能洗几拨衣物，即使再重新注水3次，漂洗3次，也才用水40升。

衣物集中一起洗

集中洗涤衣物，少量小件衣物可手洗；使用适量优质低泡洗衣粉，可减少漂洗次数；洗涤前将脏衣物浸泡20分钟；按衣物的种类、质地和重量设定水位，按脏污程度设定洗涤时间和漂洗次数，既省电又节水。

浴室巧省水

因为很多人淋浴时习惯打开水龙头就哗哗到底，其实这是很费水的。在卫生间面积足够的情况下，不妨装个浴缸，再安一个淋浴器，这样就可以在浴缸里泡澡，在淋浴房冲洗，既舒适又节水，浴缸里的水还可以用来洗衣服、冲马桶、拖地等家务上。

适量添加洗涤剂

洗衣时适量添加洗涤剂可以使衣物洗得更干净，过量投放则会导致漂洗不净。肉眼看到漂洗完的水已经基本清了，用手一摸，很滑，水中尚有很多泡沫，如果不再漂洗几遍，晒干的衣服上就会出现一个个白圈似的污渍。

因此，洗涤剂要按照水量、衣服的多少、污渍的多少和污渍的难洗程度来投放。以洗衣粉为例，额定洗衣量2千克的洗衣机，为低水位时低泡型洗衣粉，洗衣量少时需40克，高水位时需50克。按用量计算，最佳的洗涤浓度为0.1%～0.3%，这样浓度的溶液表面活性最大，去污效果较佳。

刷牙应用水杯接水

每天早晚刷牙时，如果打开水龙头不间断放水，30秒的用水量为6升；如果选择用口杯接水，3口杯的用水量为0.6升。每日两次，长期坚持此种方法，一个三口之家每月节水量可达486升。

洗澡提倡淋浴

　　淋浴5分钟用水量是盆浴的1/4，也就是说，用盆洗1次用的水，可以淋浴4次。

　　淋浴时，应避免让水自始至终地流着，在搓洗和涂抹沐浴露时应及时关闭喷头。要学会调节冷热水比例，不要一边放水一边调节冷热水。洗澡要抓紧时间，头身脚淋湿即关喷头，然后全身涂浴液搓洗，一次冲洗干净，不要单独洗头、洗上身、洗下身和脚。使用盆浴时，放水不要满，1/3～1/4水量就足够了。还要注意下水塞是否盖好，千万不要让水在不知不觉中流入下水道里。

选用节水型沐浴喷头

　　沐浴用的喷头是节水的关键。普通龙头流出的水是柱流，水量大，70%～80%的水被白白浪费掉，使用率只有20%～30%。

　　如果选用花洒式喷头，既能扩大淋浴面积，又控制了水流量，达到节水的目的。节水花洒式喷头多是在节水器具上加入特制的芯片和气孔，吸入空气后产生一种压力，并进入水流中。空气和水充分混合，相当于把水流膨化后喷射出来。因而，在达到节水目的的同时，具有一定的冲刷力和舒适度。现在市场上销售的花洒式喷头多种多样，可任意选择。

空调冷凝水可再利用

　　空调的冷凝水属于蒸馏水，比较干净，溶解性强，洗手或者是洗衣物等比自来水还好。1.5匹空调一天能接1.5升空调冷凝水。如果不能有效利用，不仅造成水的浪费，还易污染环境。如果将冷凝水收集起来，4个小时就能蓄满一个4升的塑料桶。用此水浇花，可节省洁净水。将一只装满空调冷凝水的可乐瓶放在马桶水箱里提高水位，可达到节水的效果。

绿化用水途径多

用自来水浇植物，不仅让人觉得可惜，而且其中的氯气对植物本身是有害的，它会影响植物的生长。其实家庭中有许多非饮用水可以用来代替自来水浇植物。

养鱼水浇花草。鱼缸水中有鱼的粪便，比其他浇花草的水更有养分。用养鱼水浇花，天长日久能节省很多水，还能使花草长得更好。另外，在换水时，你可以用吸管将鱼缸底下的沉淀物吸到盆里，待沉淀后，再将盆里的水过滤一遍；然后，将过滤出的清水用作第二天给鱼缸换水用，剩下的脏水用来浇花。这样每次鱼缸换水只需要补充一少部分清水就可以了，这又省了一部分水。

雨水浇花。准备一些雨水贮存设备，收集雨水代替清水浇花草，既节水，花草长得也好。

残茶水浇花。残茶水用来浇花，既能保持土质水分，又能给植物增添氮等养料。但应视花盆湿度情况，定期、有分寸地浇，而不能随倒残茶随浇。

变质奶浇花。牛奶变质后，稀释后用来浇花，有益于花草的生长。要注意的是，未发酵的牛奶不宜浇花，因其在发酵中产生大量的热量，会使花草烂根。

淘米水浇花。经常用淘米水浇米兰等花卉，可使其枝叶茂盛，花色鲜艳。

渗漏法浇花。因事外出十天半月不在家，无法给花浇水时，可将一塑料袋装满水，用针在袋底刺一个小孔，放在花盆里，小孔贴着泥土，水就会慢慢渗漏出来润湿土壤；或者在花盆旁放一盛满凉水的器皿，找一根吸水性较好的宽布条，一端放入器皿水中，另一端埋入花盆土里。这样，至少半个月土质都可保持湿润，花不致枯死。

巧治马桶水箱漏水

抽水马桶水箱漏水的主要原因是由于封盖泄水口的半球形橡胶盖较轻，水箱泄水后因重力不够，落下时不够严密而漏水，往往需反复多次才能盖严。解决的方法是在连接橡胶盖的连杆上捆绑少许重物，如大螺母、牙膏皮等，注意捆绑物要尽量靠近橡胶盖，这样橡胶盖就比较容易盖严泄水口，漏水问题就轻易解决了。

安全省电

照明要选节能灯

照明节电是在保证照明度的前提下，使用高效节能照明器具，以提高电能利用率，减少用电量。荧光灯比一般白炽灯节电70%，还减少了散发在空气中的热量。紧凑型荧光灯发光效率比普通荧光灯高5%，细管型荧光灯比普通荧光灯节电10%。因此，紧凑型和细管型荧光灯是首选高效节能电光源，而且节能灯的使用寿命也比白炽灯长5~6倍。

选择灯具时，除考虑环境光分布和限制炫目的要求外，还应考虑灯具的效率，选择高光效灯具。在各灯具中，荧光灯主要用于室内照明，汞灯和钠灯用于室外照明，也可将二者装在一起做混光照明。这样做光效高，耗电少，光色逼真、协调，视觉舒适。

合理选择照度和照明方式

照度太低，会损害人的视力，不合理的高照度则会浪费电。选择照度必须与所进行的视觉工作相适应，在满足标准照度的条件下，为节约电，应恰当地选用一般照明、局部照明和混合照明3种方式。当一种光源不能满足显色性要求时，可采用两种以上光源混合照明的方式，这样既提高了光效，又改善了显色性。

如果使用白炽灯，可根据面积选瓦数。一般来说，卫生间的照明每平方米2瓦就可以了；餐厅和厨房每平方米4瓦足够；书房和客厅要大些，每平方米需8瓦；写字台和床头柜上的台灯可用15~60瓦的灯泡，最好不超过60瓦。

室内照明若改用三基色节能灯，一只5瓦的节能灯相当于20瓦日光灯亮度，11瓦的节能灯相当于60瓦的白炽灯亮度；采用电子镇流器，电压在150伏即能启动，每小时功耗仅0.1瓦，耗能低又安全。

充分利用自然光

　　正确选择和充分利用自然采光，尽量减少耗电，也能改善周围环境，使人感到舒适，有利于健康。充分利用室内受光面的反射性能，也能有效提高光的利用率，如白色的墙面和浅色的地板，其反射系数可达70%~80%，可提高照度20%，同样能起到节电的作用。充分利用反射与反光，如灯具上配有合适的反射罩也可提高照度。

节能灯不要频繁开

　　节能灯启动时最耗电，所以晚上开灯后，如果要出门两个小时以内就不必关灯。因每开关一次，灯的使用寿命会降低3小时。节能灯的特点是开后时间持续越长就越明亮越省电。厨房、走廊等是开关频繁的场所，不宜使用节能灯。在开关频繁，面积小、照明要求低的情况下，可采用白炽灯。双螺旋灯丝型白炽灯比单螺旋灯丝白炽灯光能量增加10%。

少用吊灯可省电

　　时尚家庭在购买新房装修时，喜欢大量使用磨砂玻璃或半透明灯罩的灯具，并在墙壁上、顶棚上配装一些日夜长明的装饰灯。室内确实美观，也很有格调，可无形中却浪费了不少电能。因此，家庭照明要尽量避免选用灯泡多的吊灯。

◎ 避开高峰期使用电饭锅最省电

　　电饭锅是家庭必备厨具，也是家用电器中使用频率较高的电器。它在给人们生活带来方便的同时，也加大了家庭用电量。怎样使用电饭锅，才最省电呢？避开高峰用电是最好的节电方法。同样功率的电饭锅，当电压低于额定值10%时，则需延长用电时间12%，用电高峰时最好不用或者少用。

定期清洁更换灯具

当灯泡积污时，其光能量可能降到正常光能量的50%以下。灯泡、灯具、玻璃、墙壁不清洁时，其反射和透光率也会大大降低。为了保证灯泡的发光效果，应根据照明环境定期清洁灯泡、灯具和墙壁。使用一段时间后，光能量就会大幅下降，灯会越来越暗，这时要及时更换新灯。日光灯管的两头若出现黑化现象，应及时更换灯管，以保持室内充足的亮度。

延长日光灯管的寿命

减少开关次数。因为每次开关时峰压和电流都对灯管是很大的损害，相当于点亮几个小时。发现灯闪烁时换新的启辉器。使用一段时间后将两端调换过来再用。

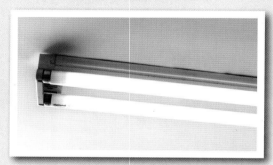

巧用锡箔纸省电

废弃的锡箔包装纸千万不要随随便便扔掉，因为锡箔纸光滑面有反光功能，把它粘贴在灯具上，灯会更明亮。具体做法是把台灯的开关关闭，取下灯泡，然后把锡箔纸有锡箔的那层仔细地贴在台灯罩的里层，再把灯泡安装上。打开灯，就会发现台灯比以前亮了许多。

选择经济型电饭锅

电饭锅的功率决定了煮饭时间。实践证明，煮1千克的饭，500瓦的电饭锅需30分钟，耗电0.25千瓦时；而用700瓦电饭锅约需20分钟，耗电仅0.21千瓦时，选用功率大的电饭锅，省时又省电。

及时断开电饭锅电源

用电饭锅煮饭，饭熟后如果不拔掉插头，电饭锅会进入保温状态，当温度低于70℃时，它会自动启动，若长时间不拔插头，电饭锅就会断断续续地自动通电，既费电又缩短其使用寿命。

用毛巾缩短煮饭时间

在使用电饭锅煮饭时，在电饭锅上面盖一条毛巾，这样可以减少热量散失，缩短了煮饭时间，自然减少了耗电量。

注意维护和保养电饭锅

（1）电饭锅在使用过程中，最重要就是保证其干净。电饭锅使用过久，会使内锅底部与外表面积聚一层氧化物。内锅可用水洗涤，但外壳及发热盘切忌浸水，只能在切断电源后用湿布抹净。应把它浸在水中，用较粗糙的布擦拭，直到露出金属光泽为止。

（2）锅底部应避免碰撞变形。发热盘与内锅之间必须保持清洁。切忌饭粒掉入，以免影响热效率甚至损坏发热盘。电热盘时间长了被油渍污物附着后会出现黄黑色焦碳膜，而影响导热性能，增加耗电，所以保持电热盘的清洁，也是省电的一个好方法。

（3）不用时，不能放在有腐蚀性气体或潮湿的地方，以免内锅底与电热盘、内锅与锅盖表面产生氧化物而不能保持最佳的接触状态，从而影响电饭锅的热效率。

（4）家用电饭锅不宜煮酸、碱类食物，也尽量不要放在有腐蚀性气体或潮湿的地方。

先泡米再煮饭省电

将淘洗干净的米，加适量的水，放在电饭锅内预先浸泡20～30分钟，再通电加热可缩短煮熟时间，饭好吃还省电。如果煮粥时，先烧开水，再将开水与米一起放入锅中煮，使米一开始就处于高温度的热水中，有利于淀粉的膨胀、破裂，使其尽快成为糊状，可省电30%。如果一开锅就拔掉电源，盖紧盖焖10分钟，粥也做好了，省电省心，而且一举两得。

电磁炉切忌空烧

使用电磁炉时，一定不可空烧锅具，这样做既费电又危险。若使电磁炉不费电，应离墙壁15厘米以上，四周通风良好，以利于炉具散热。

利用余热煮饭省电

要充分利用电热盘的余热。当电饭锅中煮米饭的水沸腾时，可关闭电源开关8～12分钟，充分利用电热盘的余热再通电。当电饭锅的红灯灭、黄灯亮时，表示锅中米饭已熟，这时关闭电源开关，利用电热盘的余热可保温10分钟。

电水壶除垢提高热效率

电水壶的电热管积了水垢不及时清除，既费电又损寿。为了节约电能，要及时清除水垢。

小苏打除水垢。用结了水垢的铝制水壶烧水时，放15克小苏打，烧沸几分钟，水垢即除。

醋除水垢。如烧水壶有了水垢，可将几匙醋放入水中，烧1～2小时，水垢即除。如水垢中的主要成分是硫酸钙，则可将纯碱溶液倒在水壶里烧煮，可去垢。

锅具、电磁炉巧搭配

具有微电脑安全装置、带有温度控制器的电磁炉，有自动保温、自动断电功能，既防止过热，又省电安全。有了电磁炉，锅具的选择也很重要。一定要选择铁质的、特殊不锈钢的平底锅具。锅底直径以12厘米～26厘米为宜。锅具太小，会导致电磁炉的四周在空烧，浪费电能，最好根据电磁炉的功率选合适的锅。

巧用余热炒菜、烙饼

使用电炒勺炒菜时，待油热后，快速将青菜放入勺中翻炒，并根据青菜的多少确定时间长短。若是炖菜，翻炒几下后便盖盖断电，利用电热盘的余热将菜炖熟，这样既保持了青菜的营养，又能省电。

烙饼时，将锅加热放入饼即可断电，30秒钟之后将高档调至低档，直到饼熟。如此烙出的饼外焦里嫩，香脆可口，还很省电。

电烤箱连续使用节电

用电烤箱烤制食品时，应连续烘烤，一气呵成，这样可以充分利用烤箱内余热，减少箱内热能的损耗。比如烤花生、腰果等，就可充分利用烤箱中的余热，提前断电5～6分钟后，再开箱取出食物，省电省事省时。

巧用微波炉省心又省电

微波炉的功率一般是750瓦或850瓦，由于启动电流大，启动时可达1000瓦。因此，在使用微波炉时，要掌握多种菜肴的烹调时间，能用3分钟熟的，不用10分钟，还可以减少关机次数，做到一次启动，即烹调完毕。为减少开关机次数，可在转盘上同时放置2～3个容器，开机设置时间可增加1～2分钟。

切忌空载运行微波炉

使用微波炉时，切忌空载运行。因为空烧时，微波的能量无法被吸收，不仅无谓地消耗电能，而且很容易损坏磁控管。为防止一时疏忽而造成空载运行，可在炉内放一只盛水的玻璃杯。为避免微波炉工作效率下降，微波炉放置的位置还要和电视机、电脑等家用电器保持一定距离，免受磁性物质干扰。

微波炉加热食物要盖膜

用微波炉加热食物时，在食物的外面一定要盖上保鲜膜或加盖，这样加热的食物水分不易蒸发，味道也好，而且加热的时间短，节省电能。对加热较干的食物时，可在食物表面喷洒少许水，既可提高加热速度，又减少了耗电。

利用微波炉余热烹调

微波炉拔掉电源后，不宜立即取出食物，可利用炉中的余热，继续烹调食物1分钟。

使抽油烟机省电窍门

（1）做饭时，尽量使用抽油烟机上的小功率照明灯，关闭厨房其他光源。

（2）不要拿抽油烟机当做排风扇使用，只在有油烟时才开启抽油烟机。

（3）炒菜、煎炸食品时应用强速挡；烧水、煮饭、炖肉时应用低速挡。

选择节电型抽油烟机

目前市场上销售的抽油烟机五花八门，一些超薄型抽油烟机，以外形美观、制作精良，很受消费者青睐，但使用效果不佳，清洗也麻烦。一般家庭，还是应该选购深型、大功率，即单电机功率在95瓦以上的为最好。深型抽油烟机功率大，风扇为涡轮式，吸排力强、噪声低、拆卸方便、清洗简单，而且有三挡调速，能根据使用者的需要随时调整吸排力的大小，长时间运转，效率极高。

电冰箱安置有讲究

安置不论何种型号的冰箱时，它的背面与墙都要留出至少10厘米的空隙，上面及侧面至少与墙壁保持30厘米的空隙，这比起紧贴墙面来每天可以节能20%。由于冰箱周围的温度每提高5度，其内部就要增加25%的耗电量。因此，电冰箱四周应有适当通风空间，要远离烤箱、煤气灶等电器，避免阳光直射。安置电冰箱的地板要坚固、平坦，使其正面稍高，四脚平稳，避免因冰箱门关不严而浪费电能。

尽量减少开门频率

开门时间。频繁打开冰箱门，会加剧冰箱内外冷热气交换，造成冰箱内温度过高，使压缩机频繁启动，造成电能消耗。因此，开门和关门动作要快，开门角度应尽量小，并尽量有计划地一次将食物取出或放入，避免过多热气进入箱内。若保持打开冷藏门1分钟，则冷藏室内温度从5℃上升到20℃，关上门压缩机连续工作近20分钟，才能使温度降回到5℃。

58

食品冷却后再放冰箱

不要把热的食品直接放进电冰箱，因为热食品放进冰箱后，会使箱内温度急剧上升，同时增加蒸发器表面结霜厚度，压缩机工作时间过长，耗电量增加。

合理调整温度控制器

在保证食物质量的前提下，要根据季节变化，食物种类和数量多少，合理调整温度控制器，使电冰箱处于最佳状态。冰箱温度越低，冰箱所耗的电量就越大。因此，我们在使用电冰箱时，应根据食品存放的实际数量、冷藏要求、贮藏时间和季节来调节温控器的挡位。冷藏室的温度应选高于该食品冻结温度1～2℃为宜。可利用夏季昼夜室内温度变化大的特点，睡前可转到"1"字，白天再拨加"4"字。

蔬果包好再放冰箱

蔬菜、水果等水分较多的食物，应洗净沥干，用塑料袋包好后放入冰箱，以减少水分蒸发而加厚霜层，缩短除霜时间，节约电能。鸡、鸭、鱼等有内脏的食物要挖去内脏，沥干水分，分份包好后，先放冷藏室储存一段时间再放入冷冻室。冷冻室的食品一定要用无毒、干净的保鲜袋包成小包装，避免冰箱内塞放过满阻碍冷气对流，浪费电能。

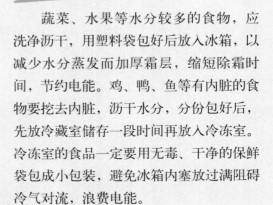

洗澡时要设定合适的温度

很多家庭习惯把热水器的温度设定到最高，再用两三个小时集中加热，最后关掉电源，认为这样会省电。其实这种方法并不得当。因为热水器里的水被加热到最高温度后，使用时必然还要混入冷水，然后剩下的热水又被自然冷却。这样一来，不但浪费了集中加热时的电量，而且下次使用时还需要重新加热。如果利用电热水器的温度设定功能，可以把加热温度设定在40℃～50℃的适宜温度，使用时不必加入冷水，而是充分利用温度正好的热水，这样不但可以缩短加热时间，还能避免反复冷却、反复加热，达到省电的目的。一般热水器温度在60℃～80℃之间比较合适，温度设置过高，容易结垢，预热时间增长，当然费电。

避开用电高峰时间使用热水器

使用电热水器省电最直接的方法就是避开用电高峰时间。如果所住的地区实行峰谷电价，更应该在电价最低时开始使用电热水器。

长通电方便又省电

喜欢洗热水澡、随时用热水的家庭，可让热水器始终通电，并设置在保温状态。经测试，保温一天所用的电量，比把一桶凉水加热到相同温度所用的电量要少得多，这样使用热水器既方便、快捷，还达到了省电的目的。

冰箱存放食物要适量

电冰箱不是储藏室，千万不要过满过紧地堆积食品，而影响箱内空气的对流，食物散热困难，影响食物的保鲜效果，同时增加压缩机工作时间，使耗电增加。储存食物过少会使热容量变小，压缩机开停时间也随之缩短，累计耗电量就会增加。如果冰箱里的食品过少时，最好用几只塑料盒盛水放进冷冻室内冻成冰块，然后定期放入冷藏室，增加容量，以节约电能。

要保持电冰箱门密闭

电冰箱门应经常保持密闭。冰箱使用时间长了，门缝垫圈会老化变形，门缝垫圈损坏时应立即修复，否则耗电量会增加5%～15%。对老化变形的垫圈要采取用电吹风吹热的办法，使之受热鼓起。

冰箱节电的窍门

下面这个办法可以让冰箱省电。早上，用两只搪瓷小盆或几个铝饭盒盛满水放入冰箱冻成冰块，晚上睡觉前将冰盒移至冷藏室的上层，并切断电源，第二天早上，冰大部分化成了水，再放入冷冻室，接上电源，每天循环操作一次。冰盒的热阻比冰箱保温层的热阻大3～4倍，所以获得的冷量不易散失，可以起到蓄冷作用。

经过测量，在断电10小时以后，冰箱冷藏室的温度只比通电情况下高2℃，所以不会影响食品的保鲜效果。这样能节省用电40%，并能减少启动冰箱的次数，而且还能有效地消除晚上冰箱工作的噪声。

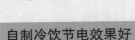 冰箱定期除霜也能省电

霜是热的不良导体。如果冰箱壁挂霜太厚，会产生很大的热阻，影响冷冻室的热交换效率，从而影响电冰箱的制冷能力，增加了电冰箱的耗电量。

因此，定期除霜和清除冷凝器及箱体表面灰尘，保证蒸发器和冷凝器的吸热和散热性能良好，缩短压缩机工作时间，节约电能。

当冰霜厚度达到10毫米时，冰箱的制冷能力将下降30%以上，为了达到温控器选定的温度，冰箱将会比正常情况下增加1/3的耗电量。因此，当霜层达到4毫米~6毫米时必须除霜。

自制冷饮节电效果好

在用冰箱自制冷饮时，首先把温控开关置于强冷位置，等冷饮取出后再恢复原控温位置。其次，用金属器皿代替塑料器皿。若再在容器和蒸发器接触面中间加一点水，将加大有效接触面，就能加快能量传递，缩短制冷时间。

双门冰箱的冷冻室一般控制在-18℃就可以了。还有，自配的饮料要冷却后待夜间放入冰箱，因为夜间环境温度低，有利于冷凝器散热。

封闭冰箱滴水管省电

冰箱的盛水盘上方，有一个滴水管道，这是冰箱内封闭系统唯一与外界空气直接交换的通道。盛夏时节，内外温差在30℃以上。为防止泄冷现象出现，可用一团棉花塞在滴水漏斗上，然后用胶布将其固定住，可防止冷热空气直接交换，既不影响排水又可达到节电的目的。

饮水机不用时关掉电源

许多家庭使用饮水机图方便，不管冬夏几乎长年通电，睡觉时也很少切断电源，不仅费电，还会缩短饮水机的使用寿命。

正常的使用方法是不用时一定要关掉电源，否则饮水机一直处于保温状态，耗电多。另外，定期给饮水机除垢，既可提高加热效率，又节省电能。

空调不要放在窗口

有的人家因为房子空间狭小，就选择把空调安装在窗台上方的墙壁上，其实这样做不利于降低开机率，从而浪费电能。这是由于"冷气往下，热气往上"的原理，如果把空调安装在窗台上方，空调抽出的空气温度低，等于空调在做无用功损耗，自然就会白白浪费大量的电能。

选好热水器省电又方便

据测试，家里最费电的电器是热水器，它的电能消耗会超过冰箱和空调。因此，选择一台性能好的热水器十分重要。如何挑选呢？

可按家庭人口多少来选择热水器的大小。三口之家，可选用50升的；四口之家，就用80升的，要注意电路的承载能力。

装有恒温开关的比无恒温开关的省电。现在市场上销售的很多热水器的最高加热温度都是可以调节的。每年11月至次年3月是室内最冷的时候，可以将热水器温度调到80℃，而夏天和冬天有暖气的时候，要把温度调低到60℃比较合适。

最好是选用太阳能和电能两用的。太阳能热水器可以用三个季节，洗澡时，一边洗一边再加上些凉水。

选择保温效果好、带防结垢装置的电热水器。

变频空调巧省电

空调是夏季家中的耗电"大王"。空调是否省电，主要是开机次数决定的。因为它启动时最耗电。有空调的家庭应充分利用定时功能。一般从晚12点开始，设定4个小时即可。

推荐大家购买变频空调，它能在短时间内达到室内设定温度，而压缩机又不会频繁开启，从而达到节能、降温的目的。

空调设定在26℃省电

有人做过实验，把两台同样功率的空调进行不同的温度设置，空调A设定在26℃，空调B设定为16℃，上午11点开始实验。3个小时以后，空调A比空调B节电0.45℃；6个小时以后，空调A比空调B节电0.8℃。因此，夏天空调温度设定在26℃～28℃，冬季设定在16℃～18℃，最省电。

用空调时室内外温差不宜过大

室内外的温差过大，极易患头痛、感冒、疲惫无力，诱发或加重风湿痛、心脏病和胃肠道疾病，女性还容易出现月经不调、下腹部疼痛等症状。这些都是由于受到较强烈的"热冲击"或"冷冲击"导致。人们把上述症状称为"空调病"。因此，房间内空调温度不宜与外界悬殊太大。医生建议房间内外温差以5℃为宜。

空调巧使用方便又省电

使用空调的房间，最好挂一层较厚的窗帘，这样可阻止室内外冷热空气交流。

空调器的设置温度不宜过低，过低则空调器的耗电量增加，最好设定在室内与室外温差为4℃～5℃，这样既能节电，又能防止因室内外温差过大而患感冒。

每次准备停机换气之前，最好在开窗开门前20分钟关空调。这样做有两个好处：一是室内的温度会逐渐提升，在这段时间内室内的低温不会被外界迅速中和，同时空调的能耗也会降低很多；二是在室内温度提升的过程中，人体也会逐渐适应，防止立刻吹热风造成空调病。

应经常清除空调过滤网上的灰尘，一方面可保持空气清洁，另一方面可使空气循环系统保持畅通，以达到省电的目的。

分体式空调器室内外机组间的连接管越短越好，以减少耗电，并且连接管要做好隔热保温。

定期清除室外机散热片上的灰尘，因为灰尘过多，会使空调用电增多，严重时还会引起压缩机过热、保护器跳闸。

天气炎热，需开着空调睡觉时，一定要将空调器定时，一般定1小时即可。

选择适宜出风角度。制冷时出风口向上，制热时则向下。

注意不要频繁地对空调器进行开、关操作，不要在各功能模式之间进行频繁、连续地转换，避免压缩机在短时间内连续启动。

开空调也应开窗换气

空调在运行过程中，应尽量减少频繁开门窗的习惯，使用厚质、不透光的窗帘可以减少房内外热量交换，利于省电。但是，即使使用可换气的"绿色空调"，专家仍然建议将窗口打开一个小缝，这样不但能使新鲜空气进入，排出废气，还能防止室内细菌滋生。因此，不应大开门窗，也不能不开门窗。如果开窗，缝隙不要超过2厘米。

空调不宜从早开到晚

夏天气温高，炎热难耐。因此，有的人一刻都离不开空调，这样过多使用空调既耗能，又会对人体产生不利的影响。最好在清晨气温较低的时候停一停，开窗通通风，既可省电，又可调节室内空气。开窗通风也要讲时间段。

在清晨较凉爽时，开窗通风，可以让室内空气清新，到八九点钟太阳辐射较强时，立即关闭门窗隔热，晚间室外温度下降时，再开窗通风，最大限度地利用自然的便利条件。另外，天气好的时候，不要老呆在空调房里，不妨到外面走走，呼吸新鲜空气，既省电又利于身心健康。

不用空调时及时拔插头

不论是外出还是睡觉时，应该关闭空调，并拔掉电源插头。这么做的原因是，即使空调机上的开关断开了，但电源变压器仍然接通，线路上的空载电流仍在白白浪费电能，不仅如此，还容易发生事故。

空调比取暖器省电

冬季天较冷时，有人用取暖器取暖。在他们看来空调太费电，还是用取暖器省一些。专家指出，这是一个普遍存在的误区。其实，从节能的角度看，取暖器远不如空调省电。

目前市场上的电取暖器主要包括红外取暖器、热风机、油汀等。留心一下便会发现，像红外取暖器、热风机的功率一般都在1000瓦，采用这种取暖设备，只有照到的地方暖和。而同样功率为1000瓦的空调，却可以把整个房间加热，由此可证明两者在能效上的差距。而油汀的能效就更低了，专家指出，要达到同样的取暖效果，油汀的耗电量是空调的一倍。

此外，目前不少空调都有节电模式，当室内达到一定温度后，运行中会自动调节功率；而取暖器却没有这种模式，运行中一直维持大功率的状态。

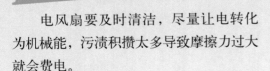

巧摆电风扇减少电耗

电风扇要放在室内相对阴凉的地方，使凉风吹向温度稍高之处，而且要随气候变化更改方向。白天气温高，电风扇最好摆在屋角，让室内空气流向室外；晚上气温相对低些，将电风扇移至窗口内侧，好将室外的冷空气吹入室内，或将电扇朝顺风的方向吹，可提高降温效率，缩短使用时间，减少耗电。

电风扇要及时清洁

电风扇要及时清洁，尽量让电转化为机械能，污渍积攒太多导致摩擦力过大就会费电。

风扇转速决定耗电量

电风扇的耗电量与扇叶的转速成正比，在风量满足使用要求的情况下，尽量使用中挡或低挡。如400毫米的电扇，用高挡时耗电量为60瓦，使用慢挡时只有40瓦；在快挡上使用1小时的耗电量可在慢挡上使用将近2小时。

选择风扇有讲究

夏季天太热时，许多人家喜欢用电风扇降温。那么，什么机型的电风扇省电呢？

电风扇按其电动机型可分为蔽极式和电容式两种。蔽极式耗电80瓦，而电容式耗电只有66瓦。为了节省电耗，一般家庭可选用电容式电扇。

一般扇叶越大、越厚重的电风扇功率也就越大，耗电就越多。根据自身条件，选择功率适当的电风扇可达到省电目的。在基本满足风量的条件下，应尽可能选用叶片直径较小的电风扇。电风扇应在高速挡启动，达到额定转速后再切换到中速挡或低速挡，这样有利于电机的速度启动，从而达到节电保护电机的目的。

电视机省电小窍门

（1）不要频繁开关电视机。

（2）避免长时间收看电视，因为电视机温度越高，耗电越大。

（3）要给电视机加防尘罩。因为夏季机器温度高，机内极易吸附灰尘。机内灰尘多可能造成漏电，不仅增大了耗电，还会影响电视的图像和伴音质量。

电视机摆放要合适

电视机摆放位置很重要，不能紧贴墙，至少应离开墙壁10厘米以上，以利散热，减少电耗。

家用电器待机也耗电

看完电视后不能用遥控器关机，要关闭总电源开关，拔下电源插头。因为遥控关机后，显像管仍有灯丝预热，电视机仍处在整机待用状态，还在用电。彩电待机能耗的专项调查显示，目前大屏幕彩电待机功耗最高可达21瓦，平均值也在5瓦。

长期处于待机状态的家用电器不仅会耗费可观的电能，而且释放出的二氧化碳还会对环境造成不同程度的污染。尤其是计算机显示器、打印机、电视机和微波炉等在待机状态下耗电量较大。所以在不用电器设备的时候，要将它们彻底关掉，断开所有隐性电源。

电视机音量、亮度要适宜

当你使用电视机时，应注意控制电视机的亮度、音量。音量开得越大，耗电量也越大。每增加1瓦的音频功率要增加3～4瓦的功耗。所以音量应该开得适中，既不产生噪声，又能省电。

同时，亮度应调到人感觉最佳的状态，不要过亮。荧光屏亮度越大，消耗电能越多。新型电视机都设有节能模式，看电视时应该调到这一模式或者把电视亮度调至稍微低一点，这样不仅能节电，而且有助于延长电视机的使用寿命。

一般彩色电视机的最亮状态比最暗状态最多耗电60%。晚上看电视时，可以在室内开一盏低瓦数的日光灯，把电视机亮度调暗一点；白天收看电视时挂上窗帘，避免开足电视机亮度，这样收看效果好并且不易使眼睛疲劳。

一般说明书上所标示的消耗电力系数指音量与亮度调到最大值，平日使用时所消耗的电量，为上述的70%，若音量与亮度调高时，相对也较耗电。

节电电视机巧选购

电视机是家庭用电量的大件电器，选购时一定要细心些。选购电视机时，尽量选用晶体管集成电路的，可以省电。并要根据家庭人口的多少、房间（客厅）面积的大小选择适当尺寸的电视机。不言而喻，大尺寸的电视机，耗电量大，观看距离也大。一般情况下，十几平方米的房间，63.5厘米的电视机就够用了。其次，不要购买二手货，或比市场价便宜太多的电视机。便宜的二手电视机一般质量都可能有问题，不耐用且耗电量大。

洗衣机额定容量洗涤省电

洗衣机的耗电量取决于电动机的额定功率和使用时间长短。电动机的功率是固定的，恰当地减少洗涤时间就能节省电能。若洗涤量过少，电能白白消耗；反之，一次洗得太多，不仅会增加洗涤时间，而且会造成电机超负荷运转，既增加了耗电量，又容易使电机损坏。所以用洗衣机洗衣物时一定要攒到一定量，不宜过多也不宜过少。

选择科学的洗涤方法

先浸后洗。洗涤前，先将衣物在流体皂或洗衣粉溶液中浸泡10～14分钟，让洗涤剂对衣服上的污垢脏物起作用，然后再洗涤。脏衣物经浸泡后可用洗衣机漂洗一次，如果衣服较少还可用快速洗涤，化纤物洗涤时间以3分钟、棉织品和床单的洗涤时间以7分钟为宜，这样可使洗衣机的运转时间缩短一半，耗电也相应减少了一半，还可以使洗衣机磨损程度降低。

先浅后深。不同颜色的衣服分开洗，不仅洗得干净而且也洗得快，比混在一起洗可缩短1/3时间，省时又省电。

先薄后厚。一般质地薄软的化纤、丝绸织物，四五分钟就可洗干净，而质地较厚的棉、毛织品要10多分钟才能洗净。厚薄分别洗，比混在一起洗可有效地缩短洗衣机的运转时间。

衣物的洗净度如何，并不是同洗涤时间成正比，主要是与衣物上污垢的程度、洗涤剂的品种和浓度有关。最好采用低泡洗衣粉或者皂粉。优质低泡洗衣粉或皂粉容易漂洗，一般比高泡洗衣粉少漂洗1～2次，省电、省水、又省时。很多洗衣机有许多预定挡位，比如标准、快速、丝麻等，可以针对所洗衣服材质不同式操作。夏天如果衣物少的话，调在快速挡就可以了。

洗衣机的皮带打滑、松动，电流并不减少，而洗衣效果差；调紧洗衣机的皮带，既能恢复原来的效率，又不会多耗电。

衣物洗了头遍后，最好将衣物甩干，挤净脏水，这样缩短了漂洗时间，并能节水省电。

恰当掌握脱水时间。各类衣物在转速800~1 000转/分钟的情况下脱水1分钟，脱水率就可达55%，再延长时间脱水率也提高不了多少，所以洗后脱水时，定在1分钟就可以了。

洗衣最好用集中洗涤的办法，即投放一次洗涤剂连续洗几批衣物。全部洗完后再逐一漂洗。这样就可省电、省水、节省洗衣粉和洗衣时间。

水量适中减轻电机负荷

用水量适中，不宜过多或过少。水量太多，会增加波盘的水压，加重电机的负担，增加电耗；水量太少，又会影响洗涤时衣服的上下翻动，增加洗涤时间，使电耗增加。要利用程序控制选择合适的水位段，一般以刚淹没衣物为宜。要适量配放洗涤剂，过量的洗涤剂只会增加漂洗难度和漂洗次数。

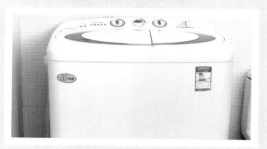

"强洗"比"弱洗"省电

洗衣机有"强洗"和"弱洗"的功能，选用哪种功能是根据织物的种类、清洁的程度决定的。在同样长的洗涤周期内，"弱洗"比"强洗"改换叶轮旋转方向的次数更多，开开停停次数多，电机重新启动的电流是额定电流的5~7倍，所以"弱洗"反而费电，"强洗"不但省电，还可延长电机寿命。

洗衣机定时满刻度一般不少于15分钟，一般转5~10分钟就能获得同样的洗涤效果，所以别让洗衣机转的时间过长。

滚筒洗衣机的节电技巧

（1）洗涤程序的选择。洗衣机说明书中所介绍的每种程序适用范围只是一种参考，最好在使用时，根据织物的脏污程度和易洗程度（即质料）来灵活选择。

家庭日常洗涤时，除脏的、厚重织物和比较贵重的、易损织物外，并不按质料分类，而是将各类织物放在一起洗涤，这时应选择化纤织品程序或标准洗涤程序。在夏季洗涤较轻薄的织物时，可选择羊毛棉织品程序。

洗较脏的毛线编织物，也可使用化纤品程序或标准洗涤程序。滚筒洗衣机对洗涤物的磨损率仅是波轮洗衣机的几分之一，在波轮洗衣机里能洗涤的织物在滚筒洗衣机里就更能洗涤，一般不必考虑损伤问题，而是考虑如何节电节水省时。

（2）洗涤子程序的选择。滚筒洗衣机每种程序都具有多个子程序，每个子程序都是一个完整运转程序。程序选定后，根据具体情况，可以减少一个至几个子程序，甚至只使用几个子程序。

以棉织品程序或标准洗涤程序为例，其第一个子程序是预洗程序，其作用是将织物用清水或加少量洗涤剂先冲洗一次，将织物上的水溶性污垢及固体污垢除去，以利洗净织物，节省洗涤剂。运转过程有进水、洗涤（或同时低温加热）并浸泡、脱水。从预洗开始洗涤运转，适用于脏污严重的棉织物。若是洗涤较脏的棉织物，则不需要预洗；而洗涤不脏的棉织物，可以从子程序中的"中洗"开始。洗涤不太脏的一般较薄的各种织物，还可以从子程序"弱洗"开始。同样，根据所投洗衣粉的多少还可以减少一次或两次漂洗，即在漂洗位置将程序旋钮转动一格或两格。

◎ 使用电熨斗节电

使用电熨斗时应尽可能将衣物集中熨烫，并根据不同的衣料选择相对应的温度控制点。如果你使用的是不能调温的普通电熨斗，还要掌握好温度，达到衣料所需温度时，应立即切断电源。需要保温的，可以在开关处并联一个3安、400伏的整流二极管，当开关接通时为正常加热；当开关断开时，整流二极管串入电路，进入保温状态。电熨斗在保温状态下可节电40%。

 利用余热节约用电

像烘干机一样，充分利用电熨斗的余热熨烫衣物，是节约用电的好方法。要熟悉和了解熨烫各种衣料所需要的温度，一般棉织品较耐高温，为180℃～210℃；毛织品其次，为150℃～180℃；化纤织品更其次，为70℃～160℃。使用普通型电熨斗需掌握通电时间，电熨斗通电时间越长，温度越高。在平时使用时，应根据不同衣料所需要的温度掌握电熨斗的通电时间，可达到节电目的。

选择调温型电熨斗

购买电熨斗时应选择带有温控调节器和蒸气熨烫功能的产品。

家用电熨斗有两种型号，一种是普通型，其结构比较简单，价格便宜，但不能调节温度；另一种是能调节温度的，称为调温型。调温型电熨斗升温快，达到设定温度后又会恒温。使用时，只要预先旋转调温旋钮到某一温度位置，就可使电熨斗保持在所设定的温度上。

家庭最好选用功率为500瓦或700瓦的调温型电熨斗，熨烫衣料既安全可靠，又确保质量，还节约用电。普通型电熨斗最好选择手柄上带有开关的，可随时控制温度，节省耗电。

没有用的不用

有人错误地认为，电脑的屏幕保护程序耗电量很小，其实不然，一些复杂的屏幕保护程序的耗电量往往会比正常使用时还要大。因此建议你尽量不要使用过于复杂的屏幕保护程序。

在家用电脑windows的控制面板中可以对电源管理程序设置为"便携型"。同时建议你在显示器属性中把屏幕保护程序直接设置为"黑屏"，并把等待时间设置为5分钟，这样当你在一段时间内不操作笔记本，就会直接进行"黑屏"状态，这样要比运行其他屏保程序更加省电。

家用电脑巧省电

家庭用电脑，不能图便宜买水货，一定要选择具有绿色节电功能的电脑。这种电脑的好处是，电脑暂时不用时，可设置休眠等待状态，能自动降低机器运行速度，节约电能。

家用电脑省电法

对多数家用电脑来说，包括主机、彩色显示器在内，最大功率一般在150瓦，要想节电，可从以下几个方面入手：

根据工作情况调整运行速度。比较新型的电脑都具有绿色节电功能，你可以设置休眠等待时间（一般设在15～30分钟之间），这样，当电脑在等待时间内没有接到键盘或鼠标的输入信号时，就会进入"休眠"状态，自动降低机器的运行速度（CPU降低运行的总频率，能耗到30%，硬盘停转），直到被外来信号"唤醒"。

短时间使用电脑或者只用来听音乐时，可以将显示器亮度调到最暗或干脆关闭。打印机在使用时再打开，用完及时关闭。

吹风机节电窍门

家庭用吹风机，应以节约电能为主。洗发后，最好将头发擦去水分，再用吹风机，以缩短吹发时间。在夏天，别在开着空调制冷的房间使用吹风机，以免增加空调的耗电量。要定期清理吹风机中的异物，以免阻碍冷热风的流通，造成机体内部温度过高导致过量耗电。

警惕家电待机耗能

家电不开时，往往会处于待机状态。如空调，只要接上电源，其红外线接收器就处于待机状态，它需要随时接收遥控器传来的开机命令。你可别小瞧这待机耗能，一般来说，每台电器在待机状态下的耗电一般为其开机功率的10%，为5～15瓦/小时。

很多人认为自己平时挺注意省电的，空调省着用，电灯随手关，却不知道电器光关掉开关还不行，"待机"状态也照样耗电。虽然耗电量不大，但从节电角度讲，积少成多也是必要的。

燃气节能

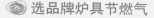 **选品牌炉具节燃气**

想节省燃气，就要有好的炉具。尽管各种各样的炉具让你眼花缭乱，也别图便宜在地摊上或日杂商店买杂牌货，还是要到大商店或专卖店选购名牌产品。因为便宜的炉具大都存在质量问题，使用起来往往存在燃烧不良，既浪费燃气又存在安全隐患。

炉灶的余热烹饪

在菜或饭快做好时，关上煤气，让炉灶的余热来持续烹饪所需的热量。做汤时，加的水要合适，不要太多，太多的水会消耗更多的煤气，产生更多的热。一次做的饭尽量多些，这样吃不完的可以先妥善放好，然后用来自制一些简易的快餐。

避免燃气空烧

做饭时，应先把要做的食物准备好再点火，避免烧"空灶"。先点煤气再开始洗米、择菜、配料，这无形中增加了煤气的浪费。如果先将准备工作做好，做菜时一气呵成，则可大大节约煤气的使用。

及时调整火焰大小

菜下锅时火要大些，火焰要覆盖锅底，菜熟时就应及时调小火焰，盛菜时火减到最小，直到第二道菜下锅后再将火焰调大。这样不仅能保持菜的风味，还能节约1/4的燃气消耗。若是烧汤、炖东西，先用大火烧开，然后关小火，只要保持锅内滚开而又不溢出就行。做饭时，火的大小也要根据锅的大小来决定，火焰分布的面积与锅底相平为宜。

盖好锅盖保持热量

不要小看锅盖，它的节能作用可不小。不管是烧菜、炖菜还是煲汤，盖上锅盖可使热量保持在锅内，饭菜可以热得更快，味道也更鲜美，既可减少水蒸气的散发，还能减少厨房和房间里结露的可能性，防止热气从锅里散发出来，提高厨房内的温度。减少了做饭的时间，必然减少了用煤气量。

利用高压锅做主副食

利用高压锅做主副食，可以较薄铁炊具代替既厚又笨重的铸铁锅。

蓝色火焰最节省燃气

蓝色火焰代表煤气燃烧最充分，让火焰一直保持蓝色，就可以让燃气得到充分利用。

合理利用炉灶挡位节省燃气

一般来说，炒菜用高挡位的火，煎药用低挡位的火，炖菜用中挡位的火。也要根据锅的大小来决定火苗的大小，并且火焰分布的面积最好与锅底相平。

调节火焰大小节省燃气

开始下锅炒菜要用大火，菜熟的时候用中档火，盛菜时火焰最小，在继续炒菜时再把火开大，这样不仅节省燃气，同时也减少油烟污染。

炊具使用前先擦干

先擦干炊具表面的水渍，可以避免水分蒸发带走热量，使热量快速传进锅内，以达到节约燃气的目的。

增加节热金属圈

在厨具底加一个高3～5厘米的金属圈，这样就能让燃气燃烧时的高气温气体除对锅底加热外，还能沿锅壁上升，提高热量利用率，节省燃气。

锅上应该盖盖

盖上锅盖可以提升饭菜的加热速度，使味道更鲜美，同时也使食物快速变熟，节约燃气。

清洁锅底助燃节气

锅底如果有黑色的脏东西，会使锅在加热的同时起到隔热的作用，不利于充分使用燃气，因此要经常清洁锅底。

多炉眼同时使用可以节省燃气

在使用燃气时，最好同时使用一个炉子的几个炉眼，这样就可以节省燃料和时间。

把锅底和水壶底的水滴擦掉可节煤气

如果锅和水壶、煎锅等底部沾着水滴就放到火上的话，火焰先要先把水分蒸发，这时所用的煤气就是浪费。把水滴擦掉再放到炉子上。仅仅这样做，就能提高2%的热效率。

底部较大的锅和水壶，不会浪费煤气

底部较大的锅，能提高热水的速度，能节约煤气费。使用锅底为24厘米的锅，开大火把2升的水烧开，比起用锅底为16厘米的锅1年能节约120多元燃气费。

适当清理炉盘的缝隙，可节省煤气

果炉盘的缝隙堵塞了，火焰就会倾斜，就会降低热效率。用煤气专用的金属刷子等认真清理炉盘的污垢，防止堵塞，同样能起到节约的效果。

◎ 炸食物时，合理安排顺序免浪费

油炸食品时，需要提高油温，因此需要使用很多火力。这时候，如果能做一下安排一次炸完的话，是能够节约煤气费的。排一个诸如蔬菜→鱼→肉这样不容易弄脏油的顺序。就可以轻松节约了。

◎ 用热水做温泉鸡蛋

在碗面的空盒子里放入鸡蛋加热水，直到鸡蛋完全被浸在水中，盖上盖子等10分钟，就能做成温泉鸡蛋。而且，口感惊人的清爽和润滑。

米和鸡蛋一起放到电饭锅里可同时煮

洗好的鸡蛋，放在要煮饭的电饭锅的米上，按开始开关。饭煮好的同时煮鸡蛋也做好了。

用勺子直接煮少量食物可提高效率

如果只煮少量配色用菜，在勺子里加入少量的水，直接放到火上，水立刻就沸腾了，这样就可以节约煤气费和水费。

使用煎锅煮面，可以提高速度

锅底很大的煎锅在煮面的时候可以大显身手。热量可以有效的传递，用少量的水就可以做到平均受热。如果把面直接放进去太长的话，折成两半也可以。

用勺子煎鸡蛋，提高速度

煎鹌鹑蛋或者鸡蛋，用勺子煎划算。即使是很小的火焰也可以传遍整个勺子，可以很快做好，同时节省了燃气。

炖菜用高压锅不费煤气

做炖菜的时候，用普通的锅煮菜要用1～2小时，如果使用高压锅的话，煤气的使用时间可以缩短到原来的1/3。高压锅在节约煤气方面可以发挥出很大的威力。

油炸食品时把材料切薄些可提高效率

油炸食品时把食物切薄一些，可以提高受热速度，缩短烹饪时间。而且，只需要用15厘米左右高度的油就可以，一边翻转一边炸像煎食物一样，可以省油。

做牛肉饼的烹饪小技巧

做牛肉饼，用煎锅煎到出现煎东西的颜色，再用微波炉加热，比一直用煎锅煎划算。而且还可以使牛肉饼均匀受热，防止半生不熟。

把塑料瓶的水拿到阳光下会变成温水

晴朗的早上，只要把装满水的塑料瓶拿到阳光下，中午就会变成温水。这些水用来清洗午饭或晚饭后的餐具，冬天也不需要用热水器。

冬天把水壶装上水放一段再烧容易开

冬天的早上，水龙头里流出的水，非常凉。睡前，在水壶里装满水，夜里用室温使之升温，可以缩短烧水的时间。早饭的准备也可以很快完成。

清洁煤气灶小窍门

水壶烧完水之后，把水壶放到湿的擦灶台的抹布上5分钟。

用温的抹布擦煤气灶的话。

油污和烧焦的印迹更容易脱落。

在饭后立刻用水冲洗餐具容易去污

冬天为了节省燃气不使用热水洗餐具，建议你饭后立刻用水冲洗餐具。餐具上的污物时间越长越不容易洗掉。召集家庭全体成员饭后立刻协力洗餐具。

戴上橡胶手套洗餐具不用热水

冬天洗餐具时，戴上橡胶手套就可以了。不需要使用热水器的热水。而且，还可以防止由于用热水洗餐具而导致的手的皴裂。

3

第三章

环保巧物妙用
——改变居家态度

又是一年换季时，除了换心情，还要换什么？从清洁到收纳，好好地为即将到来的春日做准备吧。

收纳篇

1. 聪明做减法：每一季过去，总有些衣服给人鸡肋感，不要再犹豫着"说不定明年还能再穿呢"，速速处理为妙。

每次穿上身照照镜子后又叹气脱下的衣服→它的气质的确和你不合→送人或捐赠。

因为自己变胖或变瘦，已经超级不合身的衣服→再穿上它的可能性已经微乎其微了→送人或捐赠。

沾上油点洗不干净的衣服→不能再穿了→视面料改做其他用途，如棉布衣服可以剪成抹布。

很喜欢，品质也很好，但明显和下一季潮流脱节的衣服→只是暂时的过气→收藏，等待潮流重来。

清洁篇

1. 洗衣机也要除菌：洗衣机清洗了冬天和初春的厚外套，难免藏污纳垢，为了保证家人健康，有必要对它也做一个清洗。清洁的重点是洗衣槽（使用专门的机槽清洗液）、过滤网（可拆除下来进行清洗）、洗衣缸（用干净抹布沾消毒液擦拭后运行洗衣程序，可和机槽步骤一起进行）。

2. 防蛀有新招：樟脑丸、卫生球可是我们熟悉的老伙伴了，特别是老房子的衣柜里，可缺不了它。但它们挥发后散发的有害物质，却令我们一边用一边担忧，解决的办法当然有，用碳包＋薰衣草香囊来搞定。碳包能够吸潮、吸味，而薰衣草浓烈的味道能够有效驱虫，除此之外，用纱布袋装满胡椒也能够当驱虫包用。

3. 洗衣剂分类使用：快改掉一包洗衣粉通杀的旧习惯，不同材质的衣服要用不同的洗涤剂才对。丝绸、羊毛类衣物用中性洗衣液；天然织物面料的衣物，如麻、棉，用弱酸性洗衣液；纯色衣服（特别是比较娇艳的颜色）要用专门的护色洗衣液；厚外套以及不贴身穿的深色衣物，用去污力强的通用型洗衣粉。

聪明挑选健康醋

1. 挑工艺

醋的生产工艺分为酿造和配制两种，当然，前者在口味和质量上都令人更放心，而厂家如果是酿造生产，必定会在标签上明文标出。

究竟有多少醋不合格，最近成为小家女主人们关心的话题，在期待行业更为自律的同时，我们也要行动起来，多掌握一些相关的生活常识。

2. 看色泽

由于品种不同，醋有琥珀色、淡红棕色与白色多种，但无论哪种，都应该澄清透亮，浓度适中。

3. 挑酸度

主要是看"醋酸含量"，含量高的醋味道更纯。酿造醋的醋酸含量标准至少为3.5g/100ml，而配制醋的含量则在2.5g/100ml左右。

4. 摇晃观察

将醋瓶来回摇晃，观察所产生的泡沫，泡沫丰富而持久的醋质量好。

可乐有妙用

1. 除锈渍。古早的旧硬币、锈了的螺丝钉，用可乐泡一夜，第二天倒出来用清水冲洗，就又恢复了崭新外貌。

2. 厨房清洁。剪蛋锅用的时间长了，虽然注意清洗仍然留下顽渍，把可乐倒入锅中煎沸后再清洗，效果很惊人。制造老照片、老地图。羡慕影视剧里发黄的老地图营造的岁月感？可以用可乐来制作，找一只软毛刷，沾点可乐轻轻刷过地图，然后用风扇吹干就可以了。黑白照片也可以用这个方法做旧。

3. 地球人都知道的一招：倒进马桶当洁厕剂用。

你想不到的水果皮用途

橘皮篇

★ 治病

1.治消化不良：将50克橘皮浸泡在酒里。这种酒有温补脾胃的功效，用于治疗消化不良反胃呕吐等症，对多食油腻而引起的消化不良、不思饮食症，尤为有效。

2.解酒：鲜橘皮30克，加盐少许煎汤饮服，醒酒效果颇佳。

3.治便秘：鲜橘皮12克或干橘皮6克，煎汤服用，可治便秘。

4.治乳腺炎：生橘皮30克甘草6克，煎汤饮服，可治乳腺炎。

5.降血压：将橘子皮切成丝晾干作枕芯用，有顺气、降压的功效，对高血压病人很适用。

6.治脚痒：脚趾间被污水浸渍，易发生奇痒，若搔抓，则破皮流水，臭味难闻，此时可用鲜橘子皮猛擦痒处，止痒效果甚佳。

7.治冻疮：冬天手上长的冻疮奇痒奇痛，真是烦人。可将橘皮烧成粉末，再用植物油调匀，抹在创口之上。

★ 做菜

1.橘皮牛肉：将橘皮切丝，牛肉切片腌好，再放入白酒同炒。便成了一道味道超赞的橘皮牛肉。

2.橘皮粥：在熬大米粥时，在粥烧滚前，放入几小块干净的橘子皮，等粥煮熟后，不仅芳香可口且开胃，对胸腹胀满或咳嗽痰多的人，能够起到食治的作用。

★ 居家

1. 漂白衣服：将橘皮加水煮后，将泛黄的衣服浸泡其中搓洗可以轻松让衣服恢复洁白。

2. 除鞋臭：将新鲜橘子皮在晚上放进鞋内，第二天一早鞋里的臭味便去除了。

3. 护发：将新鲜橘皮泡进热水中，再用热水洗头发，头发会光滑柔软，如同用了优质的护发剂。

香蕉皮篇

治疗真菌性皮肤病：香蕉皮中含有蕉皮素，可以抑制细菌和真菌滋生。实验证明，由香蕉皮治疗因真菌或细菌引起的皮肤瘙痒及脚气病，效果很好。精选新鲜的香蕉皮在皮肤瘙痒（脚癣，手癣，体癣等）处，反复摩擦；或捣成泥末敷，或是煎水洗，连用数日，即可奏效。

1. 治风火牙痛：将香蕉皮洗净，加冰糖入锅，加适量水煎炖。饮汤，每日2次。

2. 催熟其它水果：香蕉皮有催熟的作用，可以跟需要催熟的水果（如芒果、猕猴桃之类）放在一起，就能很快吃到熟的了。

3. 做花肥：把香蕉皮埋在兰花盆土下做花肥，香蕉皮含有丰富的镁、硫磺、磷、锌、氨基酸等多种营养矿物质，这些正是兰花所需要的。

4. 清洁皮制品：皮衣、皮沙发、皮鞋等皮制品，用香蕉皮的内侧擦拭，不仅有清洁作用，还能延长其使用寿命。

苹果皮篇

1.给陶瓷去污：拿一把刚削掉的苹果皮捣烂成泥，蘸在布条上擦拭陶瓷表面，可使其光亮如初。

2.治手脚干裂：每年冬季很多人手脚都会干裂出现一道道伤口，痛痒难忍。用削苹果剩下的果皮来搓擦患病处，搓擦三次足跟干裂处就会愈合。

3.保护铝制品：铝制品长期使用会氧化变黑，如把苹果皮放入铝制品容器中煮，可使受污的铝金属恢复原来的光泽。

4.美容：用苹果皮敷脸，因其有收敛的作用，能让毛孔变小，皮肤细嫩。

5.去除冰箱异味：将一长条苹果皮放进冰箱，可逐渐去除冰箱里的异味。

寻常小醋的变身妙用

止嗝：打嗝时饮醋一小杯，一口气喝下去即可消除打嗝。

防晕车：坐车前喝杯醋开水，有防晕车之效。

美肤：将醋与甘油以5：1的比例混合，经常擦用，能使粗糙的皮肤变得细嫩。温水中兑白醋洗脸，可让暗沉肤色变亮变白。

护色：洗涤绸缎等丝织品，在水里加些醋，有利于保持其原有的光泽。

止痒：在削芋头前，将双手用醋洗一下，就不会发痒了。

护发：洗发后用适量白醋涂于头发上按摩，再稍稍用清水冲洗，头发会变得柔软黑亮、防止脱发。洗发时常加醋能去头皮屑。油性头发，用此法能缓解头上的多油。

牙膏能修复手表细纹

手表的表面很容易划很多细纹，使得表盘看起来混浊不清，用少许牙膏涂于手表的蒙面，用软布反复擦拭，即可将其细纹除去。牙膏同样可以抹平光盘碟面的划道。用软布蘸着少量牙膏在划痕上慢慢摩擦，由里向外画圈，20分钟，盘面的划痕也会变浅。

牙膏去除积垢

玻璃上的积垢，用布蘸牙膏擦拭，可擦得干净明亮。牙膏还可以去除瓷器污垢，搪瓷品的陈年积垢，用刷子蘸少许牙膏擦拭可去除。搪瓷茶杯中留下的茶垢和咖啡渍，可在杯内壁涂上牙膏后反复擦洗，一会儿就可以光亮如初。

牙膏去汗渍油垢

衣领、袖口等处的汗渍不易洗净，尤其是夏天，只要涂少许牙膏，汗渍即除。衣服染上动植物油垢，挤些牙膏轻擦几次，再用清水洗，油垢可清除干净。

牙膏去除银器氧化层

银器久置不用，表面会出现一层黑色的氧化层，只要用布蘸牙膏进行擦拭，即可变得银白光亮。

牙膏使车辆型号标识重现光泽

车辆型号标识在经雨水侵蚀和长时间的灰尘沉积后，会变得失去光泽，如果你用牙膏涂抹在车辆型号的标识上，过一小会儿用抹布擦拭可重现镀铬的金属光泽。此种方法同样适用于车窗玻璃的划痕清除。

小苏打能去除电熨斗的锈污

电熨斗产生锈污时，接通熨斗电源。当熨斗温度达到100℃时，将其在湿毛巾上揉擦，同时需将这条湿毛巾叠成与熨斗底部类似的形状，并在毛巾上均匀地撒上一层小苏打。待消除水气时再擦去熨斗底部附着的小苏打，锈污即可去除。

毛巾能当作防毒面具

人们使用液化气烧水做饭时，常备一条浸湿的毛巾，放在身边，万一液化气喷嘴漏气失火，用湿毛巾往上一扑即灭，赶紧关闭阀门，就可避免一场火灾。炒菜做饭时身边常放一条湿毛巾，万一油锅起火迅速罩于其上火就会即刻熄灭。

在特殊情况下一条湿毛巾还可以顶一个防毒面具使用。秘密在于，毛巾具有除烟效果。在火灾的浓烟中避难时，可以用一块毛巾捂住嘴和鼻孔迅速冲出火场，可以死里逃生。试验证明，毛巾的折叠层数越多除烟效果越好，但在大火的紧急时刻考虑到以折8层为限，这时其除烟率为60%。在浓烟的场所，由于烟颗粒大，附着堵塞在毛巾的网络上，因此除烟率随着时间的增长而增大。

牙膏去除灶台焦垢

用温热的湿抹布将灶台上的焦垢润软，然后用洗碗布蘸牙膏用力刷洗污垢，再用干净的布擦净即可。

牙膏可去除墙面字迹

如果你家的孩子用铅笔、蜡笔把墙面上画得乱七八糟，千万别烦恼，也别冲小孩发火。你只要用脱脂棉蘸些牙膏，就可以轻而易举地把墙壁上的蜡笔或铅笔等字迹擦拭干净。

牙膏能治脚气

每天洗脚后，挤少量牙膏涂抹在脚气部位，坚持一段时间后，脱皮、水肿、奇痒的现象就会消失，脚气亦可痊愈。

毛巾能修复地毯凹痕

地毯因受家具重压而出现凹痕时，可将热毛巾拧干，敷在凹痕处5～10分钟后移去毛巾，再用电吹风机和细毛刷边吹边刷，即可恢复原状，使凹痕消失。

用毛巾自制抹布

现在的住房面积越来越大，擦地板或楼梯等就成为一件非常费时费力的事情，尤其是用抹布擦拭时，又需要经常换洗，却是一件相当麻烦的事，不妨用旧毛巾缝制一块书本形的抹布。第一面擦脏后，只要翻一面便可以继续擦拭。这样，即使是大范围的地方也可以一次搞定，无需中途换抹布，省劲又省时。

小苏打的烹饪妙用

炸鱼时，在面糊里稍加点小苏打，炸出的鱼松软、酥脆。

把切好的牛肉丝放在小苏打溶液中浸一下再炒，炒出来的牛肉丝纤维疏松。

肥皂可用于装修

将粉刷过墙壁的刷子，泡在肥皂液里，第二天只要把刷子甩一甩就干净了。

上木螺丝时，将肥皂抹在螺旋纹上，可轻松地将螺丝旋进去。

用石灰水刷墙前，在第一次用的灰浆里，加进些肥皂水，既省料又省力。

擦洗门窗或家具时，先在指甲上刮些肥皂，能防止脏物嵌入。

刷油漆时，在指甲上涂些肥皂，油漆就不易嵌入指甲缝里。

一般的刀难以切割橡胶或皮革，在刀口上涂上一些肥皂便容易切割了。

新麻绳或线绳太硬，若将其在肥皂液中泡5～10分钟，绳子即可被软化而变得好用。

往墙上贴壁纸时，在浆糊里加入少许浓皂液，充分搅拌后再贴，不但省力，而且十分牢固，不容易脱落。

热毛巾可以取玻璃板下受潮的照片

　　玻璃板下的照片因受潮而不能取出时，可用干净毛巾，在热水中浸片刻，再拧干水分，敷在照片上，即可揭下而不会损坏照片。

小苏打可消除宠物尿臊味

　　如果家里养了宠物，往地毯上撒些小苏打，可以去除尿臊味。若是水泥地面，可以撒上小苏打，再加一点醋，用刷子刷地面，然后用清水冲净即可。

小苏打可修复受损头发

　　游泳池里含有的氯会伤害头发，在洗发香波里加一点小苏打洗头，可修复受损头发，还可以清除残留的发胶和定型膏。

微波炉能消毒

　　将吃剩的饭菜用微波炉热一下再放入冰箱，食用前再用微波炉加热一下，可以杜绝细菌的生存；市场上买回的熟食，用微波炉加热一下再食用，既可保持食物原有的风味和营养，又可将细菌全部杀灭。除金属制品外的食具均可用微波炉来进行消毒处理。

吸尘器可节省储藏空间

　　季节变更时收藏被褥、羽绒服等物品由于占用储藏空间大、保管不当易霉蛀。如果将它们放入定制的塑密封袋，再用吸尘器将袋内空气抽掉密闭扎紧，不仅可以大大节省储藏空间，而且也不易受潮还可以防止霉变。

毛巾清除绒面沙发上的灰尘

绒面沙发表面沾上灰尘时，可把湿毛巾拧干，铺在沙发上，用木棍轻轻敲打，灰尘便会吸附到湿毛巾上。在清水内洗净毛巾，再按上述法抽打，如此反复多次，灰尘可彻底清除。

中药材加热后保存时间长

贵重中药材放在微波炉内加至温热，冷却后密封在塑料袋中，即可长期存放。

小苏打可消除双脚疲劳

双脚疲劳，在洗脚水里放2匙小苏打浸泡，有助于消除疲劳。

茶叶可除冰箱异味

将茶叶包装严密，并放入冰箱冷藏，可长期保存，还可除冰箱异味。

撒盐能铲下沾在锅上的面

一般来说，炒面时沾在锅上的面用铲把它铲掉的难度是非常大的。可以用盐撒在锅面上，这样再铲，就很容易地铲下来了。

加热抹布能杀菌

将抹布洗净后，装入塑料袋中加热，就可以达到清洁、杀菌的效果。趁热晾干，就是一条随时可以使用的清洁抹布了。

小苏打能清除水垢、黄斑

热水瓶胆内有水垢时，放进一些小苏打、蛋壳和盐水，轻轻摇晃，水垢会从胆壁上脱落下来。

清除搪瓷器皿上的黄色斑痕，可用湿布蘸些小苏打，用劲擦洗，搪瓷器皿会洁净如新。

肥皂能防止产生霉斑

在衣柜、衣箱、书架、抽屉内放块肥皂，可防止衣物、书籍在梅雨季节产生霉斑。

小苏打放在冰箱里可以排除异味

将装有小苏打的盒子敞口放在冰箱里可以排除异味，也可以用小苏打对温水，清洗冰箱内部。在垃圾桶或其他任何可能发出异味的地方撒一些小苏打，会起到很好的除臭效果。

蔬菜干燥脱水

把蔬菜用小功率加热至表皮收缩成干瘪状而略软，用塑料袋包装后密封保存，经浸泡即可烹饪食用。这样，就可以吃到已经过季的蔬菜了。

盐水可发面

发面时，若放一点盐水调和，可缩短发酵时间，并能增加面的筋力和弹性，味道更好。

凉拌番茄可放盐

用糖凉拌番茄的时候，如果放少许盐会更甜，因为盐能改变番茄的酸度。

和面时可加盐

在制作面条或饺子皮时，在和面的水中加入占面粉量2%～3%的细盐，不仅可使面皮弹性增强、黏度增大，而且也会很好吃。

用熨斗恢复倒绒

如地毯在使用过程中出现倒绒，可以用干净毛巾浸湿热水擦拭，用吹风机轻柔吹干后用梳子梳理顺直，细心的家庭还可以用熨斗垫湿布顺毛熨烫，地毯就可以恢复原状了。

用吸尘器吸附小东西

居家生活难免会不慎掉落如钮扣、药片、瓶盖、缝衣针等细小物品，借助吸尘器就能毫不费力地找到。使用前，可先将吸尘器的吸管口用一层薄纱布包扎好，再根据物品大小选择适当的风力，随后接通电源用吸管口在落物处周围来回滑动，掉落的物品很快就会吸附到纱布上。

电熨斗的妙用

如果你不小心把蜡烛油滴在衣服或者其他棉纺织品上，你可以先用小刀轻轻地刮去滴在衣服上的蜡烛油，再用两张纸巾，分别放在衣服的正反面，然后反复用电熨斗熨烫，就可以将衣服上面的蜡烛油清除。

蜡烛放冰箱冻一下可以防止使用时滴蜡油

将生日蜡烛先放入冰箱冷冻室冻一会儿拿出来再点燃，可防止滴蜡油，用这样的蜡烛插在生日蛋糕上，既美观又卫生。

做泡菜放盐质量好

制作泡菜，最重要的一环是确保泡菜坛的坛沿水常满。有一种保持坛沿水慢些蒸发的办法，是在坛沿水中放较多的盐，盐水量至少达到坛盖能接触到的程度，水就不易蒸发了；同时，由于盐水的存在，微生物就不容易生长繁殖，细菌也就很难进入坛内，从而保证了泡菜的质量。

清洗青菜撒盐可杀菌

将瓜果蔬菜在盐水中浸泡20～30分钟，有除去残存农药、寄生虫卵和一定的杀菌作用。清洗青菜时，在清水里撒一些盐，可把蔬菜里的虫子清洗出来。

用盐水清洗猪肚

清洗猪肚、猪肠、鸡鸭肫等时，加适量盐和碱，反复揉搓，不仅能清洗干净，而且可除去异味。

冷藏干电池可防漏电

暂时不用的干电池，若将其放入冷藏室，不仅可防止其漏电，而且可延长使用期。

菠萝在淡盐水中浸泡去苦涩味

将菠萝削皮后切成片，放入淡盐水中浸泡后再食用，不仅可以减少或避免引起过敏的菠萝蛋白酶的食入，而且可以去掉菠萝的苦涩味，使其更香甜可口。

过咸的腌肉可用淡盐水清洗

过咸的腌肉，可先用盐水漂洗，但盐水的浓度要低于咸肉中所含盐水的浓度，漂洗几次，咸肉中的盐分便会逐渐溶解于盐水中，最后再用淡盐水清洗一下即可。

肥皂能轻松去锅底黑斑

洗锅之前，先用肥皂在锅底涂一层，锅底的黑斑便可去除。

生姜放入冰箱不干燥

将生姜放入冰箱冷冻室既防止其干燥霉坏，又可使其味道更好。

糖能除牙齿烟垢

吸烟牙齿变黄或发黑以后，先取适量的红糖含在口中10多分钟，使牙齿都浸泡在糖液中，然后用较硬的牙刷反复刷2~3分钟，漱净。再用盐碱水（放等量的盐和食碱溶于水中）刷牙1~2分钟，早晚各进行一次，1星期后，一般烟垢即可除去。

醋防生鱼变质和除羊膻味

在浸泡腌制生鱼时加少量的醋可以防止腐败变质。在处理生食水产品牡蛎、海蟹时用醋作调料，10分钟可以达到解腥杀菌的目的。用少量醋加水浸泡海带，可缩短涨发时间；煨牛肉前加点醋，可使牛肉易酥；烧煮羊肉加少量醋能除膻味。

藕切好放入盐水中不变色

藕切好放入盐水中腌一下，再用清水冲洗，这样，炒出来的藕不会变色。

桃放入盐水里浸泡易剥皮

把鲜桃放入盐水里浸泡1分钟后，用手轻轻一搓，桃皮便很快脱落了。

醋能清除异味

将白醋倒入敞口瓶或碗中，在放入冰箱可除异味。用醋擦拭碗橱，可除碗橱异味。

刷过油漆的房间，放上一碗醋可除异味。手或刀上沾了鱼腥味，用少许醋搓擦，再用清水冲洗，即可除去腥味。将毛巾在醋溶液中浸湿后在房间中挥动，可消除房间里的烟气。

豆腐在淡盐水中浸泡不易破碎

白嫩的豆腐先在淡盐水中浸泡半小时，烹调时不易破碎。

喝盐水治便秘

清晨起床后喝一杯盐开水，可以治疗便秘。

豆腐干用盐水浸颜色亮白

豆腐干有豆腥味，用盐水漂浸，既除味，又使豆制品颜色亮白。

淡盐水漱口预防感冒

淡盐水漱口，对喉咙疼痛、牙龈肿痛有治疗、预防感冒。

盐水可止痒

急性局限性皮炎瘙痒时，用盐水洗涤、涂沫，可以止痒。

盐水洗头防脱发

用盐水洗头发，可以减少头发脱落。

蘑菇或黑木耳里撒盐易清洗

蘑菇或黑木耳先放入淡盐水中稍加浸泡，再用清水洗净，容易洗去泥沙。

放白糖苦瓜更可口

炒苦瓜时加点白糖，再淋少许醋，不仅减轻苦味，烹出的菜吃起来还特别清香可口。

给花加糖延长寿命

插花瓶中加点白糖，可延长开花时间。

皮革在糖水中浸泡更有光泽

皮革手套和皮帽，使用久后，在硝化处理时，在糖水中浸泡一会儿，皮革会柔软而富有光泽。

烧菜加点糖不酸

用酱油烧菜时，酱油中的糖分有些被分解，菜往往带有酸味，可在炒菜时加点糖，酸味即可消除。

加糖能洗醋迹

衣服上的醋迹，可撒上点白砂糖，再用温水洗即可洗净。

漂洗时加淀粉衣服更耐穿

用洗衣机洗衣服时，在漂洗的水中加点淀粉，不仅给衣服增加光泽，且更耐穿。

酱油能去毒止痛

蜂蜇或毒虫咬后，用酱油涂抹伤处可起去毒止痛作用。轻微烧伤或烫伤后，用酱油涂抹伤处，可止痛、去火毒。

炖肉时炒糖色不腻

炖肉时炒糖色，炖出的肉菜光亮红润，甜香味美，肥而不腻。

加糖可减轻咸味

如果菜炒咸了，加点糖可减轻咸味。

淀粉浆可以洗血迹

用水调配的淀粉浆涂于花布的血迹处，晾干后擦去淀粉块，血迹则随之消失。

酱油能保鲜

将酱油煮沸消毒，凉后浸泡肉类（淹没肉），可起到防腐保鲜的作用，即使过2~3个月再吃，或做汤或炒菜，味道依然鲜美。

醋能使衣物衣饰更有光泽

洗涤绸缎等丝织物时，在最后漂洗时，水中加点醋，可使织物保持原有光泽。

洗围巾时加点醋，可恢复围巾的柔软光泽。

丝袜在加醋的温水中浸过后可使袜子不易破损，延长穿着时间，还有除臭味作用。

衣服上的折线或裤子臀部的亮斑，在熨处喷些醋或铺上一块浸过醋的湿布即可熨好。

醋能清除厨房油垢和锈斑

厨房中的木制用具沾染上油垢后，用醋水擦洗可使其恢复原来的面貌。

厨房中的塑料用具，如篮、筐，网眼积存有油污，用刷子蘸醋和肥皂水刷洗，再用清水冲刷后会光泽如新。

洗涤有铜绿锈迹的织物时，用10%的醋酸溶液浸过后，即刻用温热水搓洗，铜绿锈迹即被除去。

有黑斑的铝制品，浸泡在醋溶液中，10分钟后再用水洗涤，可使其光泽如新。

厨房地面上的油垢，倒点醋再拖，可将地面擦干净。

定期用醋精清洗煤气炉的喷火头，可防止被油腻沾污。如喷火头已被油腻沾污，可将它放在醋精里浸片刻，就容易洗干净了。

漂洗丝绸加糖能洗醋迹

漂洗丝绸织品的时在水里放点白砂糖，可使丝绸更有光泽。

煮火腿涂白糖易煮烂

煮火腿前，在火腿皮上涂些白糖，这样既容易煮烂，味道又好。

饺子馅加糖更鲜

拌饺子馅时加些白糖，饺子会有鲜香的海米味。

酱油能除臭

用少许酱油撒在燃烧中的木炭上，可消除厕所中的异味。

肉馅中加葱汁更鲜美

将鲜肉切成薄片，浸泡在鲜葱汁里，待肉入味后再根据菜肴需要切片或丝，再进一步烹饪就不会有腥味了。而且，任何肉馅中加入少许葱汁都会更加鲜美。

醋能洗掉沥青

如果手、脚沾上沥青，可用醋擦就可以洗掉。

醋能延长花期

插鲜花时，先将花的根部在醋里浸泡再放入花瓶中，可延长花的开放时间。

醋可防止食物氧化

切开土豆、茄子、莲藕拌点醋，可抑制其氧化变黑。削过皮的苹果、梨接触空气后会发生氧化变成褐色，用醋水洗一下，可保持原有色泽。烹煮土豆时加点醋，能有效地分解土豆中的毒素，避免中毒，烹出的土豆颜色洁白、松软可口，同时也可避免土豆被烧焦。

生姜能防眩晕

生姜捣烂敷在肚脐上，可以防止晕车、晕船。乘飞机发生头晕目眩、恶心呕吐等症状，可在出发前口嚼生姜服下，而后再口含一块水果糖即可。

醋能使玻璃制品更明亮

玻璃有灰尘或油漆点时，可以用布蘸点醋擦拭，容易擦净擦亮。在眼镜片上滴点醋，再用软布擦拭，不仅不伤镜片，还会使镜片洁净明亮。

切菜时手上抹点醋不发黄

切菜前在手上抹点醋，手指不会因染菜迹而发黄。

大葱能去污

银、铜、锡等金属餐具，时间一长，就会黯然失色，不易擦拭。可以将大葱洗净切成小段，放入清水中煮一会儿后捞去葱段，用溶液擦洗银、锡餐具，很快光亮如新。至于铜制餐具，应将大葱切开蘸盐擦，既能去污又能保持光亮。

醋可除去鱼腥味

刮鱼鳞前，先用醋涂抹一遍，或在加醋的水里浸泡2小时（活鱼泡后再剖杀），鱼鳞就很容易刮干净。将整理好的鱼放入冷水中，再加点醋和胡椒粉渍一下再烹煮，可除去鱼腥味。

炖肉加醋有营养

炖肉或排骨时加点醋，可去异味，增鲜味，而且易熟易烂，同时可使骨头中的钙质、磷质得到溶解，增加汤的营养。

生姜能促进头发生长

因病脱发者，可用生姜烧热后切片擦涂头顶，促进头发生长。

生姜能消除口腔水泡

吃东西时，嘴内起了水泡，这时可取一块生姜放进口内咀嚼，水泡即慢慢消除。

生姜能使食物更鲜美

炖鸡、鸭、鱼、肉时，放些姜块同炖；或做鱼丸、肉丸、虾丸，加入姜汁同烹，不仅肉味醇香，还能去腥解膻，增色添鲜。

煮饭时，取一小块姜放进锅里同煮，不仅饭香好吃，还可保持饭放置两天而无酸味；做菜时，用姜末与糖、醋对汁烹调或凉拌，可使菜肴产生特殊的酸甜味。

食用松花蛋时，加点姜末和醋，能去掉松花蛋特有的涩味。

切过鱼、肉的刀，有一股腥味，如果用生姜片在刀的两面擦一擦，可以解除腥味。

生姜能去血迹

衣服上有血迹，用生姜块擦血污部分，然后再用冷水擦洗，即可不留痕迹。

醋能防指甲油脱落

涂指甲油前，先用醋将指甲擦干净，待指甲干后再涂指甲油，指甲油就不容易脱落。

生姜能保鲜

将冷冻的肉类、禽类、海味河鲜在加热前先用姜汁浸渍，可起到"返鲜"作用。

保存咸肉、咸鱼时，在其上面撒些姜末，可防止变味。在腌菜上面加入一些洗净切碎的姜末，再将缸密封3～5天，即可去除白醭。

在保存的蜂蜜里加些生姜密封置阴凉处，久贮不会变味。

将菜籽油2 500克放入锅内，烧热后改中火，投入拍碎的生姜、大蒜各50克，葱切段，桂皮、陈皮各25克，大料、丁香各少许，炸出香味后，放入料酒、白醋各25克，再烧片刻，捞出调料。经如此处理过的菜籽油，不但去除了原有的异味，而且其味胜似香油，还不易变质。

花椒可防炸油外溢

油炸食品时，往油锅里放几粒花椒，沸油即消落而不外溢。

花椒可防哈喇味

存放的食油中放粒花椒，可防止油变质产生"哈喇"味。

大葱能去饭煳味

在煮煳饭的时候，不用着急，马上取一根较粗的大葱，洗净切成散段，趁饭还热着将鲜葱插入饭中，立即盖上锅盖。过10分钟后揭锅而闻，你会惊喜地发现煳焦味没了。

花椒防蝇进碗盘

在食品旁放些花椒，苍蝇不敢靠近食品。

蒜瓣能防海味变质

海虾、干鱼、海带等海味，在收藏前将其烘干，取些蒜瓣铺在坛子下面，待海味冷却后封严坛口，可防其发霉变质。

大蒜能去膻味

炖羊肉时，加入大蒜同时入锅炒数分钟，再加水炖，可除去羊膻味。配比为500克羊肉加蒜头25克或青蒜100克。

醋能解酒、解腻

酒醉时喝一点醋可以醒酒。在食用大量油腻荤腥食品后可用醋做成羹汤来解除油腻，帮助消化。

做菜时加牛奶更好吃

煮菜花时加点牛奶，煮出的菜花白净。

白水煮土豆时加些牛奶，不仅土豆的味道鲜美，且色泽洁白。

炒菜时酱油加多了，加点牛奶可将味道中和。

炸鱼前，先将鱼浸入牛奶片刻，可除腥增香。炖鱼时加点牛奶，可使鱼变得酥软鲜嫩，鱼汤雪白味美。

青蒜可保鲜橘子

取青蒜500克切片，加水煮开晾凉后，把橘子放在水中浸泡3～5分钟后，再捞出存放，可保鲜3～5个月。

啤酒能除蚊子

用空酒瓶装些啤酒，轻轻晃动，使瓶壁沾上酒液，放在蚊子较多的地方，蚊子闻到酒味后就会钻到瓶内死掉。

白酒能保食物不坏

醋瓶内加点白酒，可增加美味久存不坏。

将鲜姜浸泡于白酒内，可久存不坏。

活鲜鱼嘴里滴几滴白酒放水里，在阴暗透气的地方也　能活3～5天。

油炸花生米盛入盘中后，趁热倒少许白酒，可保持花生米酥脆不回潮。

煮饺子不破放大葱

水开前往锅里放些大葱段，水开后再下饺子，不仅不破，盛在碗里也不易粘连。

热水做菜味道更好

肉丝、肉块加少许开水爆炒，炒出的肉比不加水的鲜嫩得多。

啤酒中加咖啡口味更好

啤酒中加点咖啡和少许白糖，喝起来苦涩中含幽香，口味宜人。

炒豆腐加开水味道好

炒豆腐时，可在豆腐下锅前，先放入开水里浸15分钟，这样可清除泔水味。

白酒能防虫蛀

豆类装进容器或塑料袋中，喷上少许白酒拌匀，然后密封，可防虫蛀。

在盛米、面的缸里放进一个装有50克白酒的酒瓶，瓶口高出米面，不盖瓶盖，将缸密封。酒挥发的乙醇可杀菌灭虫，起到防虫蛀的作用。

啤酒能擦镜框

用啤酒擦拭镀金边的像(镜)框可保持洁净如新，不失金属光泽。

橙子皮的用途

清洁玻璃物品时。橙子皮内表面的白色部分中含有蜡的成分，用这部分擦玻璃盛具的话，可以把物品和玻璃杯擦得更亮。

除去微波炉中的气味。微波炉中有味儿的时候，把橙子皮放进微波炉中加热1~2分钟，气味就会消失，还会留下淡淡的橙子香气。

橘皮烹饪味道好

炖肉时加些橘皮，不仅解腻除腥，还可使肉有果香味。

蒸馒头时，掺入些橘皮丝或粉，蒸出后清香可口，别具风味。

橘皮洗净切丁，用白糖腌渍10天，可做元宵馅、糖饼馅等，其味清香。

煮粥时，在水沸前放进锅内几块桔子皮，煮好的粥芳香可口。

做花生糖时加些切碎的橘皮，可增味添色。

将桔皮在淡盐水中焯下涩味，切成丝或丁，浸在蜂蜜中，10天后则成为清甜可口的橘皮蜜饯。

菠菜能治皮肤干燥瘙痒

将菠菜洗净榨汁200毫升，分服，对口腔溃疡、口角炎、胃热口臭有效；鲜菠菜汁150毫升加姜汁5滴，分服，对鼻出血、皮肤瘀斑、皮肤干燥瘙痒等有防治作用。

白菜帮能保存蔬菜

将完好无损带蒂的黄瓜，放在拆散的大白菜的菜心中，绑好白菜，放入菜窖，保存至春节，黄瓜仍然新鲜水嫩。

刚买来的蒜黄、青韭、青蒜等新鲜蔬菜，一时吃不完，可用带帮的大白菜叶子把它包住捆好，放在阴凉处，不要沾水，能保存一段时间不坏。

萝卜能排除体内废气

吃白萝卜可帮助消化，刺激肠胃蠕动，并促进新陈代谢，特别适合平日肠胃功能衰弱的人食用。若肠内易积存废物或废气，则特别适合吃以水煮烂的白萝卜。晒干的萝卜对排除体内的废气亦有效用，可将萝卜干和虾米、冬菇一起烹调食用，效果更好。

白菜能解酒

将大白菜心切成丝，加醋和白糖，凉拌食用，可解酒。

白菜能缓解牙痛

取白菜根疙瘩，洗净捣烂，用纱布包好挤汁，左侧牙痛滴左耳，右侧牙痛滴右耳，能缓解牙痛症状。

土豆有利于减肥

土豆如果把它作为主食，每日坚持有一餐只吃土豆，对减去多余脂肪会很有效。

土豆能防中风

每周吃上5～6个土豆，患中风的危险性可减少40%，而且没有任何不良反应。

生萝卜汁可擦拭铁锈

生萝卜汁可擦拭、洗去菜刀上的铁锈。胡萝卜碎屑拌盐涂在沾有血渍、奶渍的衣物上揉搓、再用水冲洗，可去污渍。

茄子可治冻疮

茄子根煎水，趁热熏洗患处，可治冻疮。

萝卜丝可戒烟

将萝卜洗净切成丝，挤去汁液，放入适量白糖，这种经处理过的萝卜丝会使人对烟味产生厌恶感。坚持每天吃1小碟，1个月后就可戒除烟瘾。

柠檬能去浴室黄斑

浴缸里的黄水迹，用柠檬片盖上，就会慢慢消失。水龙头滴在洗脸池上的黄色斑迹，用柠檬皮擦拭即可。

柠檬能去异味

冰箱中放几片柠檬，可去除异味。用锅以低温烤一小片柠檬皮，不仅可去室内异味，还可使室内香味扑鼻。

白菜能缓解牙痛

取白菜根疙瘩，洗净捣烂，用纱布包好挤汁，左侧牙痛滴左耳，右侧牙痛滴右耳，能缓解牙痛症状。

柠檬汁能除去铜器油污

铜制器皿上的油污，用柠檬汁拌少许盐擦拭即可清除。

苹果皮的用途

清洗锅具。锅底粘上烧黑的食物时，在锅中放入苹果皮和水，加热10分钟粘在锅底上的食物就会脱落。

使肉质变得松软。把肉切好，将削好的苹果皮放在肉之间的间隙中，做出的肉不仅肉质松软，味道也会更好。

橘皮能去异味

将干橘皮放进冰箱，可以去除异味。在炉火旁放几块橘皮，室内空气飘香，而且还有驱虫作用。在室内燃烧些干橘皮，可以除去室内异味，还可驱蚊蝇。

柠檬能去象牙制品黄迹

久放的象牙制品会变黄，切半个柠檬蘸上细盐擦拭，再用水冲净并立即擦干即可变白。

橘皮能美容

用橘皮水洗头，头发柔软光滑易于梳理。洗脸池或浴盆里放些橘皮，可代替香水散发清香。

柠檬汁能使切开的苹果不变色

苹果等水果切开后，在切面滴些柠檬汁可使其不变颜色，还能保持原来风味。

橘皮能做果酱

将橘皮洗净用水煮几分钟，倒去水，另加清水再煮，反复几次，脱去苦涩味后挤干水分，切为碎末放锅中，加适量糖和少许水，煮成糊状，就成了鲜甜的橘皮果酱。

旧丝袜改做伞套法

用旧的尼龙丝袜来收藏伞，既取用方便，又可以保护伞免受灰尘侵袭。

用旧袜子擦灯罩

把旧袜子，像手套那样套在手上，用来擦灯罩。可以沿着灯罩的弯曲部分擦，也不会让灰尘飞起来。

用废胶瓶自制浇花器

把废胶瓶的瓶盖钻一个小洞，瓶子里装满水，再用一个吸水性好的布条放到瓶子里，另一面放到花里，这样就可以使花一直得到水的浇灌了。

第三章 环保巧物妙用——改变居家态度

柠檬汁除黄色皮鞋的尘污

黄色皮鞋有尘污时涂些柠檬汁便可刷去。如再用鞋油擦拭，则会光亮如新。

旧T恤清除烹调器具污垢

不要丢掉穿旧了的T恤，剪下适合手掌大小的碎片，用来擦拭油污。既能很好的吸收油污，又很柔软的旧T恤，是厨房的必需品。

用手巾碎片来擦拭餐具

用质地很紧密的布手巾来擦拭餐具，即使像番茄酱一样的油污，也会很容易去除。这种方法可以节省清洗剂和洗涤用水。

在鞋里塞报纸可除湿除臭

在鞋里塞上蓬松的报纸，放在鞋箱直到下次穿。这样即可以除湿除臭，还可以防止鞋变形。如果在鞋箱的箱板上铺上报纸，同样也可以防止鞋箱受潮。

用卫生纸芯做装塑料袋的纸筒

这个装塑料袋子的纸筒，使塑料袋子可以一个一个被抽出来的，很方便。塑料袋子10个重叠，稍微错开一点，从底部卷起来，插到卫生纸芯里，从外面就可以一个一个抽出来。

卫生纸芯可以用来做衣架的垫肩

把铁丝衣架的三角形的底边轻轻的弯成"く"的形状，再把卫生纸芯插进去，晾晒衬衫的时候，因为有了厚厚的垫肩，通风好干得也会很快。

用长筒袜可以把水龙头擦的闪闪发亮

由于干布摩擦会产生静电，水龙头的边缘等用海绵擦不到的地方，可以用长筒袜来擦。灰尘会落到长筒袜的网眼里。

用旧手套擦百叶窗

最容易沾上灰尘，而且最难清洗的就是百叶窗，把蘸湿的旧劳动手套或者旧袜子带在手上，夹着百叶窗的叶片擦，很轻松就能把百叶窗擦干净。

塑料瓶适合用来存储挂面

1.5升的塑料瓶，把面放进去高度刚刚好。因为有盖儿，保存起来还可以防湿防虫。把面从盖儿口出向外倒，刚好可以倒出约一个人的食用量（100克）。

牛奶盒巧做收藏容器

把牛奶盒的一个侧面剪开，只留下底边，就成了带盖子的收藏包。布丁等装甜品的盒子，不用保鲜袋也能保存在冰箱里了。

牛奶盒存放蔬菜小窍门

冰箱蔬菜室有一定深度，灵活运用牛奶盒的高度，存放蔬菜更方便。把牛奶盒口打开，可存放黄瓜、茄子等长的蔬菜。从上面看很容易辨认，竖立着保存可以长时间保鲜。

连接成儿童鞋的收藏箱

100毫升的牛奶盒，正适合做儿童鞋的收藏箱。牛奶盒从肩部以上剪掉，横着竖着都用双面胶粘起来，就做成了儿童鞋的收藏箱。放在门口对物品的整理整顿是非常有用的。

长筒袜做的刷子刷洗脸池

把旧长筒袜做的刷子蘸湿，上面打上香皂，轻轻的擦洗脸池，即使是清扫用的海绵不容易擦掉的水垢，也可以被擦掉，令人心情愉快。

清洗剂的箱子做收藏箱

把清洗剂、抹布、旧牙刷等清扫工具放到清洗剂的空箱子里，放到水池下面。它带有把手，很容易带走，对工具的分类保管很有用。

用纸箱做储物柜

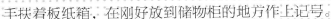

要把板纸箱做成抽屉的话，需要先量一下储物柜的尺寸。

手扶着板纸箱，在刚好放到储物柜的地方作上记号。

沿着划好的线用剪刀剪下，折成抽屉大小，再重新组装起来。

小心地把角和边用胶布粘起来。

在做好的板纸箱抽屉上贴上适合房间气氛的包装纸或布。

最后加上把手话，使用起来会比原来容易很多倍。在抽屉的前面用锥子穿上孔，穿上棉线在里面打上结即可。

纸箱的剪、贴等加工都很容易。储物柜没有抽屉，用板纸箱作收藏箱的话，会使储物柜变得惊人的轻松和方便。

用穿孔泡沫盒给蔬菜去水

用竹签在两个同样大小的泡沫盒上穿上孔，用来给蔬菜去水。把洗过的蔬菜放到泡沫盒里，把另一个泡沫盒像盖的样子罩在上面，这样就可以完全去掉蔬菜里的水。

衣架做除尘棒打扫缝隙

可以轻松伸到缝隙里的除尘棒，在清扫容易被看漏掉的家具后面的灰尘时可以派上大用场。因为大约有30厘米长，握住挂钩部分插进去的话，可以伸到很深很深的地方。

把铁丝衣架折成鞋架

　　把铁丝衣架的两端向上折起来很适合晒鞋。即使是不容易晒干的鞋尖部分也能充分通风，可以加快鞋晒干的速度。还能防止鞋变形。

小块肥皂的再利用

　　难以使用的小肥皂，用微波炉就可以变身，铺上保鲜膜，把肥皂放上加热，一会儿就会膨胀，变得容易使用。加热的时候要注意肥皂不要裂开。

节约洗发水妙法

　　在泵的喷嘴下方缠上细绳或者橡皮筋。

　　多缠几圈，就可以让喷嘴无法全部按下，防止压出过多。

　　这样一来挤压出来的洗发水就会减少很多。

把铁丝衣架折成鞋架

　　把铁丝衣架的两端向上折起来很适合晒鞋。即使是不容易晒干的鞋尖部分也能充分通风，可以加快鞋晒干的速度。还能防止鞋变形。

干电池没电后互相摩擦能复活

　　在手掌上将电池的正极和负极反方向放置，用手摩擦20秒就会再次复活。在家里的干电池都用光时，这是一个把电池坚持使用到最后的好方法。

剩电池可用在闹钟上

　　剃须刀里电池不能再用时还可以放在闹钟里再利用。闹钟的耗电量要比剃须刀少得多，还可以再用一阵。干电池一定要用到最后。

黏稠的肥皂浆可以洗手

　　把1小勺纯皂粉加入到2000毫升40℃以上的水中，制成稀释的肥皂浆，装在挤筒里就变身为洗手液了。刺激性低，孩子的皮肤可以安心使用。

洗衣粉怎么用也有大学问

加酶、加香、增白……

洗衣粉是家庭必备的洗涤剂之一，因为去污力强而且味道芬芳，很多主妇除了用它洗衣服之外，还用它的溶液来擦拭脏了的马桶、拖地板甚至是清洗餐具。这样做是物尽其用还是过犹不及？究竟怎样用洗衣粉才最合适？

洗衣粉最好只用来洗外衣。如果漂洗不净，洗衣粉很可能在衣服上有少量残留，如果皮肤直接接触到这些残留物，洗衣粉中的物质便可能导致皮肤瘙痒、皮炎等病症。所以，去污力强的洗衣粉，最好只用来洗外套及大件衣物，而贴身衣物则使用专门的内衣洗涤剂。

洗衣粉挑功能单一的最好。加酶、加香、增白……洗衣粉的功能越来越多，但是我们的建议，还是选择无味、少添加的单一型洗衣粉。比如，能够增加洗衣粉渗透力的表面活性剂，如果皮肤接触到，角质层就容易被它破坏；加香洗衣粉中添加的合成香精，容易引起鼻炎发作；增白洗衣粉多半添加了有机氯，挥发后很容易刺激到呼吸系统。

寻常牙膏的多重用途

剃须 治脚气
除渍 洗茶杯
洗银器

剃须：男子剃须时，可用牙膏代替肥皂，由于牙膏不含游离碱，不仅对皮肤无刺激，而且泡沫丰富，气味清香，使人有清凉舒爽之感。

治脚气：夏季有些人爱犯脚气病，若用牙膏与阿斯匹林(压碎成粉)混合搅匀，涂于患处，有止痒杀菌作用。

除渍：夏天人们出汗多，衣领、袖口等处的汗渍不易洗净，只要搓少许牙膏，汗渍即除。衣服染上动植物油渍，涂些牙膏在污渍上，轻擦几次，再用清水洗，油渍可去掉。

洗茶杯：我们用的茶杯如何清洗？用洗洁精，不，用牙膏！将牙膏涂于杯面上，用一把小牙刷慢慢刷，一会儿就洁白如新，且气味清新，环保又卫生。

洗银器：银器久了表面会有一层黑色，用软布沾牙膏擦拭，即可变得银白光亮。

4

第四章

家政课堂
——还你生活质量

微博辣图怎么拍？

拿着手机上微博已经成为许多人娱乐的标准方式了，"随手拍"也越来越流行，但是，拿着一款技术指标一流的手机，拍出来的图片就硬是找不到感染力，看着别人微博上的辣图发呆？不如来好好学习下手机拍照的技巧。

1. 姿势很重要

比起稳重的单反相机来，轻巧的手机很容易让你掉以轻心，随手一拿、一拍……手稍微抖下，得到的就只是一张模糊的照片。摄影师建议的姿势是：惯用的那只手握机，对准拍摄景物，然后另一只手托住这只手，保持相机的平稳。在听见快门声后，稍微停顿一秒再动。如果要拍横式构图，则改为双手各持手机一端的平行姿势。

2. 多种构思出好图

换个视角，平常的景色就会有不同的味道。以热门的iPhone为例，它的拍照功能越发强大了，已经可以让你在完成前期设置后，只要点击屏幕任意区域就能进行拍照，为阶意构图提供了超多便利，而且，现在的智能手机都提供了多种相框来修饰图片效果，多动动脑子，你的图片就会非常辣！

3. 学点用光常识

大部分手机虽然像素过人，但毕竟体积有限，其他方面就需要使用者多费心。光线，这个成像的决定因素，是手机拍照的瓶颈。摄影师提供的建议是：让被拍摄的人或物顺光拍摄；侧光或逆光时，可以用手在镜头旁挡一下；需要开闪光灯时，尽量靠近被拍摄对象。

长假出门，记得买份短期保险

家人：临时购买短期旅游险，低至几元起的旅游险，以天数为单位购买，方式也很简单，网上买、电话买都可以，万一出现安全事故，保障还是很全面的。

爱车：补充相关险种。比如"车辆划痕险"、"轮胎爆破险"等平时不曾涉及的险种，可以及时增加。此外，对人员险的额度也可以要求提高。

家宅：适当考虑家财险。目前，还没有针对短期出游推出的家财险，但半年期或一年期的产品，其实花费也不过百十元，从保障角度考虑，性价比也算不错。

从清明到五一，四五月既是旅游好季节，假期也颇不少，不过，如果举家出游的话，可别忘了把保险落实好。

睡不好？定制一个美梦吧

季节转换时，温度、湿度的变化，再加上晚睡习惯的延伸，让敏感的身体很容易生物钟紊乱。明明想睡个好觉，可就是辗转反侧睡不安稳，而且，还容易做恶梦！看看我们给你提供的实用好睡招数吧。

1. 换一条柔软的床单和一个让你"感觉不到它存在"的枕头，肌肤所感觉到的舒适会直接传达给大脑，让它放松。

2. 条件允许，睡前在滴入舒缓精油的热水里泡个澡。时间紧张，泡个脚效果也差不多，让身体从白天的紧张中解脱出来。

3. 把卧室里的大件家具或是墙上挂的色彩浓重的装饰品请出去，它们会让你在朦胧间感觉到压迫感，增加做恶梦的机率。

4. 如果没有隐私暴露的危险，卧室最好只拉上纱帘，这样，第二天清晨的阳光能够直接把你唤醒，早起和早睡从来都是相辅相成的关系。

"嗯嗯"问题,轻松应对

秋冬季天气干燥,便秘便不知不觉找上你。比起男人来,女性更容易便秘,特别是从排卵期结束到例假来临之前这段时间,因为荷尔蒙分泌抑制了大肠蠕动,便秘加剧。有哪些办法可以解决麻烦?

1. **多吃高纤食品。** 标准的纤维素每日摄入量最好能达到20克以上,但绝大多数人都没达标,多试试这些营养学家推荐的富纤食物吧:笋、辣椒、菜花、菠菜、松蘑。注意,肉、蛋、海鲜和奶制品对纤维素的贡献近乎于零。

2. **喝足水。** 每天要保证2000毫升饮水量,才能不妨碍正常排便。

3. **做腹部按摩。** 每日以肚脐为圆心,顺时间按摩10分钟,有助于促进肠道蠕动。

4. **尝试民间验方。** 我们挑选了几条简单易行又被广泛认可的招数。

——喝乌梅汁。乌梅汁具有神奇的缓解便秘的功效,而且环保健康,即使是准妈妈也可以放心饮用。

——生吃白菜心。冬天的常见蔬菜,富含纤维素,能够促进肠道蠕动。

——晨起饮用冷蜂蜜水。润喉且有用利于排清宿便。

初冬来点"酱"

冬天，酱作为餐桌上的重要配料之一，越来越受欢迎，特别是香浓的花生酱、芝麻酱等，更是让人忍不住大快朵颐，不过，这些酱对健康是否有百利而无一害？

花生酱：主要由花生炒香后加上调料配制而成，营养丰富，特别是多种维生素、叶酸、钙、镁、锌、铁含量都很高。而且，花生酱所含的脂肪都是单一不饱和脂肪酸，对预防心血管疾病很有寿命。缺点是热量高，购买的成品花生酱不能确保完全没受黄曲霉素污染。建议自己动手制作，适量食用。

芝麻酱：由芝麻制成，是最常见的涮肉调料。富含B族维生素、维生素E和人体必需的脂肪酸，此外，富含铁、锌、钙、等矿物质也是它的优点。只要不过量食用，芝麻酱是非常值得推荐的健康食品。

蛋黄酱：常见的沙拉酱品种，主要用料是蛋黄和食用油，味美浓郁，最能够调和青菜的寡淡口感。缺点是脂肪含量过高，属于高热量食物。建议使用减少蛋黄用量的改善配方。

淘米水里的各种学问

1. **泡木耳**：用淘米水浸泡木耳，有助于木耳的涨发，同时，还能起到很好的清洁作用。（如果木耳很脏，用淘米水浸泡，或用放了少量淀粉的水浸泡，都能起到很好的去脏效果）

2. **做大酱汤**：把大米洗净后，将第一次的水倒掉。再一次加水，用手搓到水变白倒入锅中。用这种第二遍的淘米水来煮大酱汤，更有营养，味道也更鲜美。

3. **洗脸**：每天早晚用淘米水洗脸，长期坚持有美肤作用。方法如下：用洗米的第二道淘米水，经过一夜的沉淀后，去除沉淀，再加入等量的温水混合，就可以用来洗脸。

4. **煮毛巾**：毛巾如果沾上果汁，汗渍后会有异味，且变硬。这时将它浸在淘米水中煮十几分钟，会变得又白又软。

年底出国游，退税有窍门

每年1月中旬，欧洲国家的折扣季便拉开大幕了，所以，在新年假期出国旅游，可真是玩乐购物两不误。而且，除了折扣外，还有退税这个便宜可占。但，折扣好拿，退税真要拿到，也要费一番心思呢，下面是我们为你提供的一些小窍门。

2. 凡是在欧盟国家购买的商品，都可以集中在任一成员国的机场办理退税。如果你打算这么做，除了登机必要的时间外，建议再提前3~4个小时去机场海关办理退税，欧洲国家机场的办事效率没有我们想象得那么高，充足的时间才够保险。

1. 最简便的办法莫过于集中在一家店买够最低退税金额，即买即退。在法国和意大利，这个标准在150~200欧元之间。英国、德国、荷兰的标准低得多，集中在30~50欧元之间。

3. 如果怎么都嫌退税麻烦，不妨试试和店老板以折扣换退税，除了一些大的百货公司，其实老板们还都是愿意通融的，多准备几句 "Would you give me a discount if I buy three of these." 这样的实用英语吧。

去美发？这样做让你效率高

1. **带上选好的造型照片去。** 你想要一个韩彩英那样的女人味卷发，或者是想要桂纶镁那样的帅气短发，与其到了沙龙和发型师左讲右讲，不如选一张你觉得最有代表性的照片带着去——别指望沙龙里的美发书，那些早OUT了！

2. **穿平时最喜欢的衣服。** 如果希望拥有与自己着装风格相配的发型，那么，去沙龙时就这样穿，这样能够第一时间判断发型是否适合你。

去沙龙换新发型，却总觉得不那么尽如人意，也许，问题不出在发型师身上……

3. **脱离旧观念。** 与其反复说"我的脸太大，所以……""我的头发太细，不行吧"，不如接受下挑战，你的目标不就是想看到与以往不同的自己么？

4. **掌握发型管理办法。** 头发做好后，一定要向发型师了解维持的办法，问清楚发卷用法、发蜡用法、刘海怎么吹等具体细节，这些非常重要。

网络秒杀购物后的伤

1. 强迫症

每天上了班什么也不做，先打开购物网站，看今天有哪些秒杀商品；晚上下了班，回家第一件事又是这个，花小钱买贵价货的感觉固然很爽，但

秒杀购物现在可是风行一时，几百块的东西几十块就可以拿下，那感觉，爽！但是，任何事情都过犹不及，秒杀狂，当心心理伤害找上你！

过于沉溺可就要当心强迫症了。解决办法：每周抽出两天时间来，规定自己不许参加秒杀购物，或是限定秒杀购物的参与次数。坚持一段时间，你就会发现，秒杀的吸引力大大降低。

2. 心理挫败

秒杀毕竟是一种抢购活动，只有极少数人能够抢到机会。满怀希望参与，却在最后一刻功败垂成，很刺激情绪。要是过于在乎这件事，不能很好地调节自己，挫败感便会让人整天心情沮丧。解决办法：如果总是秒杀失败，尝试改进下电脑操作手法，或是升级电脑配置。当然，最治本的办法还是淡看秒杀，实在喜欢的东西，就按正常价购买，你也不吃亏呀。

瓶装水其实不环保

平时，我们无论是自己逛街还是陪着孩子去游乐园玩，瓶装水总是必带装备。的确，水是最好的饮料，是我们的必需品，但，你是否考虑过瓶装水的环保问题？我们在超市里所购买的瓶装水，通常为PET制造，它毒性低，可回收，所以，一直被视为环保产品；但其实，它并不能自然分解，而是需要耗费水、电等能源再次制造，而过程中仍会排放出有害气体。每制造、运输10瓶塑料瓶装水，就要消耗1升石油！

我们建议你，出门时，还是准备一个能够长期使用的水杯或水壶吧。

家庭应急包，生活真需要

your text here

最近世界各地灾患频发，在为灾区人民献上一份爱心之余，自己的心里难免也有些惴惴……虽说不用杞人忧天，但即使只是平常过日子，具备一定的忧患意识，常备一个"灾患应急包"也绝对有利无弊！

应急包基本装备包括：

1. 哨子，供紧急联系用。
2. 压缩饼干，救急食品。
3. 应急水，救急食品。
4. 小药包，可以临时处理流血伤口。
5. 防尘口罩，在震灾、火灾时都很有用。
6. 蜡烛火柴一套，应急照明。

一家三口出门郊游的时候，准备这样一个应急包也很有用。特别需要提醒的是，饼干、水都属于食品，要及时检查，在保质期到达前进行更换。

一侧鼻孔异物急救法

若一侧的鼻孔内塞入异物，可用一张纸条，刺激另一个鼻孔，人就会打喷嚏，鼻子里的异物自然会被喷出来。

意外烫伤急救法

1.意外烫伤后，用大葱叶劈开成片，将有黏液的一面贴在烫伤处，面积大可多贴几片，并轻轻包扎，既止痛，又防止起泡，一两天即基本痊愈。

2.还可用鸡蛋清、熟蜂蜜或香油，混合调匀涂敷在受伤处，有消炎止痛作用。

小面积烫伤急救法

可先进行伤面消毒，再用干净棉签蘸清洁的生蜂蜜，均匀涂于创面，烫伤初期每日涂3～5次，形成焦痂后先进行清洗消毒，再涂蜂蜜。

轻度烫伤急救法

轻度烫伤，可涂紫药水，不必包扎。皮肤若起泡，不要把泡弄破，可用涂有凡士林的纱布轻轻包扎。病人要注意保暖，多喝开水，吃点止痛药。

被开水或蒸气烫伤急救法

应尽快将患部浸入凉水中，或用自来水流水冲洗，以促使局部散热，防止起水泡。

鞭炮炸伤急救法

1.止血：手指伤者包扎止血，高举手指，用干净布片包扎伤口。浅表有异物立即取出。

2.止痛：服用去痛片或强痛定来缓解疼痛。

3.送医院：严重伤者尤其是爆炸性耳聋应速送医院抢治。

利用气压吹出鼻子异物

利用气压吹出鼻子异物是最安全也是最简单的方法。顺序如下：用力吸气。闭紧嘴巴，手指压住未塞住异物的鼻孔。"哼"地自鼻孔吹气。一次不成功，再反复2～3次。吹出异物的一部分后，便可用手指试着取出异物。要小心不要又将异物塞回鼻中。

◎ 异物塞入耳中急救法

儿童误将异物塞入耳中时，可以将塞入异物的那只耳朵向下倾斜、向后上方拉，自头的另一侧敲击。若无法取出时，千万不要勉强而为，赶快去医院救治。

◎ 巧用葱治跌打损伤肿痛

将葱连根叶切细，如能加入云南白药或三七粉则疗效更佳，捣烂如膏，敷患处，可达到散淤消肿、止痛疗伤的作用。

◎ 腿或脚抽筋时捏人中穴

可用拇指和食指捏住上嘴唇的人中穴，持续用力捏10秒钟后，一般情况下，抽筋的肌肉就可松弛，疼痛也随之解除了。

心肺复苏

对于突然之间停止呼吸和心跳的患者，要清除患者口鼻中的秽物及假牙，解开患者衣领及腰带（图1）。将患者平放于床上，急救者站于患者右侧，先以右手的中指、食指定出肋骨下缘，而后将右手掌侧放在胸骨下1/3，再将左手放在胸骨上方，左手拇指邻近右手指，使左手掌底部在两肋弓交点上。右手置于左手上，手指间互相交错或伸展。急救者两臂伸直，利用上身重量垂直下压。（图2）对中等体重的成人下压深度为3～4厘米，而后迅速放松，解除压力，让胸廓自行复位。按压的频率为每分钟80～100次。

在此期间，交替做2次人工呼吸，按压与呼吸的频次为30：2。人工呼吸的方法是：一手捏住患者鼻孔，另一手捏住患者的下巴，深吸一口气，对准患者口部迅速将气吹入（图3）。大约5秒钟重复一次。如此反复，直至患者恢复呼吸和心跳或者确认患者已经死亡。

（图1）　　　（图2）　　　（图3）

食物中毒

食物中毒的典型症状是呕吐、腹泻、同时伴有上腹部的疼痛。若家中有人出现这些症状时，要及时采取三点措施：

1.催吐。此方法适用于进食后两小时以内的情况。可用筷子或手指刺激咽部，也可用刚冷却的盐水200毫升1次喝下。

2.导泻。此方法适应于进食时间已超过三小时的。一般来说，大黄的导泻效果非常明显，但并不适用于老年人，老年患者可选用元明粉导泻。

3.解毒。如果是吃了变质的鱼、虾、蟹等引起的食物中毒，可取食醋100毫升，加水200毫升一次服下。或者用紫苏30克、生甘草10克煎服。对待食物中毒的患者，要尽量嘱其注意休息，避免精神紧张，并补充足量的水分。

5

第五章

科学理财
——低碳消费最时尚

你掌握多少 ┈┈┈> 理财产品

分清理财产品种类

近年来随着人们生活水平的提高以及观念的改变，理财的产品种类正在不断增多，不仅是银行产品，其他金融机构产品也在不断增多，证券、保险、基金、期货、外汇等不断出现在我们身边。这些名目繁多的理财产品，要如何选择投资呢？在投资之前，应该首先弄清楚这些理财产品到底是什么，都有什么特点。

1 储蓄

这是一种传统的但最安全的理财方式，它最大的特点就是可以随时取用（当然是针对活期的，其他的储蓄方式也可以随时取，但会损失不少利息收益），以备应急之用。但是也正是由于它的灵活性，导致它去除利息税后的收益相对较低。不过即使如此，无论是个人还是企业都必须保证一定的存款余额，以避免现金缺乏时对其他资产的冲击，造成不必要的损失。

2 债券

债券主要分为国债和企业债券，无论是哪种债券都有不错的高收益，风险相对来说比较低，或者基本没有什么风险。一般来说，在经济稳定的情况之下，无论是国债还是企业发行的债券都有不错的安全保障，因此投资之前可以取交易所看看上市的国债和企业债。

3 基金

所谓的基金，其实就是委托理财，是委托专业机构对各种理财产品进行的利润共享、风险共担的集合式投资的理财方式。这种理财产品的风险可大可小，主要取决于理财的基金种类、理财的基金公司和基金经理。不过现在基金管理越来越规范，基金经理的个人作用并不是很明显，因此基金的风险主要还是来源于是否选对了理财水平较高的理财机构。

4 股票

股票是一种最常见、最有风险、最考虑人的忍受能力的一种理财工具，虽然它有很大的风险，但目前仍然是全球参与者最多、最普遍的投资方式。不过想从事股票投资需要很多准备，至少时间、精力和知识都要必备，否则炒股很难获利，甚至会出现令人难以忍受的获利震荡。

5 保险

保险可能是现在被人们骂的最多的理财方式之一，其实保险的功能并不是仅仅的理财，更多的是偏向于保障，保障的是意外事件发生后在一定程度上减轻对正常生活的形成冲击。而且这种保障在未来的发展过程中可能是很多人所必须的，因为单靠社保已经很难在高通货膨胀下维持生活，必须依靠商业保险才可以。当然，现在很多保险公司都推出了自己的万能型和分红型保险品种，这些品种多少都带有一些投资的性质。

6 外汇

近些年来，外汇理财也成为了大众常见的一种理财方式，所谓的外汇理财，换一种说法简单的说就是炒汇，主要是利用不同币种之间的汇率波动进行投资获利。当然，这种投资需要投资人有一定的专业知识，此外还要有十分敏锐的汇率波动判断能力。目前在外汇市场上交易量比较大的外汇品种主要有美元、欧元、日元、英镑、港币等等，这些外汇品种交易频繁。同时，它们也可看成是外汇市场上的晴雨表，它们的剧烈、频繁变动往往会导致整个外汇市场上的剧烈变动。

7 期货

期货交易建立在现货交易的基础上，是一般契约交易的发展。为了使期货合约这种特殊的商品便于在市场中流通，保证期货交易的顺利进行和健康发展，所有交易都是在有组织的期货市场中进行。不过，总的来说这是一种风险较大、投机性极强的理财游戏，需要参与者有极强的心理素质、敏锐的自觉、严格的投资纪律。

认识股票巧理财

股票是股份公司发给投资者用以证明其在公司的股东权利和投资入股份额、并据以获得股利收入的有价证券。股票的持有人就是股东，在法律上拥有股份公司的一部分所有权，享有一定的经营管理上的权利与义务，同时承担公司的经营风险。

股票与一般的投资产品不同，有自己的特点。首先，股票具有时间性，确定购买股票就要知道，股票是一种无确定期限的投资，不允许中途退股的；其次，价格不确定性，股票的价格受很多因素影响，因此股票价格通常处于波动起伏的状态；再次，风险性，这个特点对股票来说非常明显，股票一经买进就不能退还本金，股价的波动就意味着持有者的盈亏变化，如果上市公司经营状况不好，破产清算，首先受到补偿的不是投资者，而是债权人；然后，股票具有一定的流动性，股票虽不可退回本金，但流通股却可以随意转让出售或作为抵押品；最后，股票具有一定的责任性，不过这个责任是有限的，投资者承担的责任仅仅限于购买股票的资金，倘若公司破产，投资者所购股票也就形同废纸，这也等于是变相的让投资者承担了有限清偿责任（以所购股票金额为限）。

理财产品常见分类

对于普通的大众来说，他们更相信银行的理财能力和专业水准，因此他们更愿意投资银行的理财产品。目前随着基金的兴起，各家银行也都十分注重自己理财产品的宣传和推广，如工商银行的"稳得利"、光大银行的"阳光理财"、民生银行的"非凡理财"等，在市场上都有一定的品牌知名度。那么，这些银行理财产品，一般都怎么分类呢？一般来说，根据人民币理财产品的不同投资领域，可以分为以下几种类型。

1 债券型理财产品

这种理财产品是早期银行理财产品的惟一的品种，是指银行将资金主要投资于货币市场，一般投资于央行票据和企业短期融资券。因为央行票据与企业短期融资券个人无法直接投资，这类人民币理财产品实际上为客户提供了分享货币市场投资收益的机会。在操作的过程中，个人投资者与银行之间要签署一份到期还本付息的理财合同，并以存款的形式将资金交由银行经营，之后银行将募集的资金集中起来开展投资活动，投资的主要对象包括短期国债、金融债、央行票据以及协议存款等期限短、风险低的金融工具。

2 信托型理财产品

这种理财产品主要是投资于商业银行或其他信用等级较高的金融机构担保或回购的信托产品，也有投资于商业银行优良信贷资产受益权信托的产品。与其他各类理财产品最大不同点在于，该产品在提供100%本金保障的基础上，可使投资者获得相对高额的预期年收益率。此外，根据信托计划的实际运作情况，投资人还可获得额外的浮动收益。

3 挂钩型理财产品

这种理财产品也称为结构性产品，其本金用于传统债券投资，而产品最终收益率与相关市场或产品的表现挂钩。银行一般根据投资者的需要，通常将这些产品设计成保本产品，特别适合风险承受能力强，对金融市场判断力比较强的消费者。这些产品的挂钩对象比较多，因此也就使这个产品的种类显得比较多，有的产品与利率区间挂钩，有的与美元或者其他可自由兑换货币汇率挂钩，有的与商品价格主要是以国际商品价格挂钩，还有的与股票指数挂钩。尤其是股票挂钩产品，已经从挂钩汇率产品，逐渐过渡到挂钩恒生、国企指数，继而成为各种概念下的挂钩产品，种类十分丰富。

4 资本市场型理财产品

从某种角度上来说，其实这也就是基金的一种演化。这种理财产品主要投资于股市，通过信托投资公司的专业理财，银行客户既可以分享股市的高成长，又因担保公司的担保可以有效规避风险。

5 QDII型理财产品

这是目前比较看好的一种理财产品，简单说即是投资者将手中的人民币资金委托给被监管部门认证的商业银行，由银行将人民币资金兑换成美元，直接在境外投资，到期后将美元收益及本金结汇成人民币后分配给投资者的理财产品。QDII最重要的意义在于拓宽了境内投资者的投资渠道，使投资者能够真正实现自己的资产在全球范围内进行配置，在分散风险的同时充分享受全球资本市场的成果。

认识基金巧理财

基金从某种角度上来说，与股票有一定的相似性，都是一种投资工具，都具有一定的风险性，同样具备风险越高收益越高的特点。

1. 基金概念

其实，基金是把众多投资人的资金汇集起来，由基金托管人（例如银行）托管，由专业的基金管理公司管理和运用，通过投资于股票和债券等证券，实现收益的目的。专家理财是基金投资的重要特色，基金管理公司配备的投资专家，一般都具有深厚的投资分析理论功底和丰富的实践经验，以科学的方法研究股票、债券等金融产品，组合投资，规避风险。

2. 基金投资费用

由于基金管理和托管都需要费用，所以每年基金管理公司会从基金资产中提取管理费，用于支付公司的运营成本，基金托管人也会从基金资产中提取托管费。因此，投资基金就需要一定的费用，对于开放式基金持有人需要直接支付的有申购费、赎回费以及转换费，封闭式基金持有人在进行基金单位买卖时要支付交易佣金。

认识钱币巧理财

在投资钱币之前，必须对一些基本的钱币知识有一定的了解。

1. 钱币档次

根据各种钱币的珍稀程度，并以现在钱币收藏市场的行情为依据，把古钱币分为十个档次，即一级大珍、二级列、三级罕贵、四级罕、五级稀罕、六级稀、七级甚少、八级少、九级较多、十级多泛。

2. 钱币价值

一般来说，古钱币的铸造方法比较多，出现的古钱币形态也比较多。因此，一旦某个时代的钱币铸造量大，市场上的钱币数量就多，钱币的价值就低。不过因为模具由手工雕刻，因此难免会有疏漏，版别漏验及试铸币便成为珍品。

认识钱币巧理财

3. 钱币品相

一般而言，钱币的品相归纳为美、近美、上、近上和中五大评定标准。1美是指钱正背面轮廓完整，钱文清晰；2近美是指钱之正、背面轮廓有微小的偏移或微小的裂纹，或纸张有微小的漏孔，同时钱文因铸造和使用磨损而造成的微小粘连或混沌者也属近美钱币；3上是指钱正、背面有肉眼能及的缺损和漏孔，但没伤及钱文；4近上是指钱币正、背面缺损、裂纹、漏孔较为明显，而且已经导致钱文出现一至二处断笔。5中已经没有大收藏价值。

认识保险巧理财

指投保人根据合同约定，向保险人支付保险费，保险人对于合同约定的可能发生的事故因其发生所造成的财产损失承担赔偿保险金责任、或者当被保险人死亡、伤残、疾病或者达到合同约定的年龄期限时，承担给付保险金责任的商业保险行为。

1. 保险公司 是指依法设立的专门从事经营商业保险业务的企业，我国保险公司的组织形式为股份有限公司和国有独资公司两种。

2. 投保人 是与保险人订立保险合同，并按照保险合同负有支付保险费义务的人。投保人必须具有完全民事权利能力和民事行为能力，同时，还必须对保险标的具有保险利益。投保人包括自然人和民事主体的法人、其他经济组织、个体经营户、农村承包经营户。

3. 被保险人 是指其财产或人身受到保险合同保障、享有保险金请求权的人。被保险人只能是有生命的自然人，若投保的是财产险，那么自己就是被保险人。倘若是给他人购买的保险，则他人是被保险人。

4. 受益人 这个概念很多人都不愿意听到，因为这个牵涉到一些有忌讳的事情。当某人投保之后，万一出了事，保险公司把钱赔给谁，谁就是受益人。这人可以由投保人指定，或者被保险人指定，也可以按照法律规定执行。

你了解 ·······> 你手中的卡吗

市场上最流行的卡种

随着人们消费水平提高，人们可消费的领域也越来越广，随之而来的是种类繁多的卡片。这些卡有银行推广的，也有不同商户推广的，基本的目的都是为大众服务，当然其目的还是为了刺激消费者消费，带动经济增长。总的来看，目前市场上比较流行的卡种有以下几类。

1 银行卡

这是大家最熟悉、最常见的发卡商之一了。一般来说，每个银行都有不少卡片，其中包括最常见的储蓄卡，这也是使用范围最广的一种卡片。除了这种卡片之外，银行还会一些其他的卡片，比如贷记卡（信用卡）、联名卡、准贷记卡等，每种卡片都有不同的用途和使用方式。

2 会员卡

这种卡片一般是由商户企业发放，使用的范围一般在商户内部，也有一些会员卡可以在相互合作的几个商户之间使用。这种卡片的主要用途就是购买商户产品或指定产品及服务可以享受折扣优惠，由于这种发卡方式比较灵活，因此市场上这类卡片也比较多。

3 打折卡

这类卡片比较简单，其用途就是打折消费，利用这个卡片可以在商户指定区域享受折扣优惠。从消费用途上来看，这种卡片比较类似于优惠券、折扣券类型。

了解借记卡

借记卡是由发卡银行向社会发行的先存款后消费（或取现），没有透支功能的银行卡。按功能不同，又可分为转账卡（含储蓄卡）、专用卡及储值卡，是一种具有转账结算、存取现金、购物消费等功能的信用工具。

1. 分类方式

转账卡具有转账、存取现金和消费功能。专用卡是在特定区域、专用用途（是指百货、餐饮、娱乐行业以外的用途）使用的借记卡，具有转账、存取现金的功能。储值卡是银行根据持卡人要求将资金转至卡内储存，交易时直接从卡内扣款的预付钱包式借记卡。

2. 申请方式

一般来说，借记卡申请方式灵活，不需要担保人或保证金，申请人直接持身份证到相应银行网点就可办理。一般在办理时，需要先填写一份申请表，提供身份证复印件，基本不再需要其他资料即可办理。

3. 功能优势

借记卡最大的优势就是电子管家功能，消费者可以用它去缴水、电、煤、电话等公用事业费，甚至还可以办理银证转账和银券通炒股业务。不过，不同的银行开通的服务项目不同，不同的地区可能也会存在服务功能的差别。因此，我们应该根据自己的实际利用率，尽可能把保留目标落在功能涵盖面较广、实用性较高的借记卡上。

4. 功能扩展

现在很多人都喜欢投资，购买基金和炒股等已经不再是什么新鲜事情了，为此，不少银行已经开始扩展借记卡的功能，比如附加了买基金、炒股等众多理财等功能，还提供了大量增值服务。

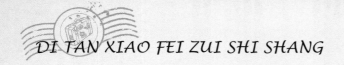

了解联名卡

随着市场的发展，各种银行卡种类越来越多，除了银行本身发放的借记卡和信用卡之外，很多银行还与其他企业合作发行了一些联名卡。一般来说，联名卡是商业银行与商业性机构合作发行的银行卡之一，它除了具有普通银行卡的所有功能之外，还能享受合作机构提供的特殊优惠服务，为持卡人提供更多、更便利的产品和服务，实现了资源共享、优势互补。

1. 联名卡特点

联名卡之功能和信用卡一样，是发卡银行和一般企业联合发行的，以某一特定族群为对象，较具商业导向，且比一般信用卡多了企业所赋予的各项额外功能，以回馈持卡人，如中华航空信用卡、百货公司联名卡等。不过也有联名的借记卡，是在借记卡的基础上开发的具有联名性质的银行卡。联名卡的运作形式是由发卡银行与诸如航空公司、电讯公司、商场等盈利机构联手发行一张卡片，凡持有该卡片的消费者在这些机构消费可以享受商家提供的一定比例的优惠。

2. 联名卡分类

目前联名卡出现的形式比较多，常见的有通信类的联名卡、基金类联名卡、购物类联名卡、航空类联名卡、旅游类联名卡等。除了上述几种联名卡之外，现在还有专门针对女性客户的招行瑞丽联名卡，有针对爱书人士的贝塔斯曼书友信用卡、针对有车人士的汽车联名信用卡等等。这种联名卡的使用对象更加细化，市场上的卡种也越来越多。

选对适合自己的卡

随着人们消费意识的增加，很多人已经接受了超前消费这一观念，这点从信用卡的普及使用可以看出端倪。目前很多人，尤其是年青人更是比较喜欢使用信用卡作为支付工具，这样不仅方便，而且还可以为我们建立自己良好的信用记录。选对适合自己的卡，合理用卡不仅方便，还是我们理财的好帮手。

1 选择合适的卡种

一般来说，每个银行都会有几种不同的信用卡，每种信用卡也有固定的主要定位，在选择卡片时首先要考虑好卡种。比如广发卡中有针对车主推出的车主卡，这个卡片比较明显的特点就是方便车主加油使用，如果自己是有车一族可以考虑这样的卡片。另外，每种卡片一般都有金卡和普卡之分，在选择的时候最好根据自己的需要选择不同卡种。

2 选择合适的数量

信用卡也并非越多越好，选择一张即可，至多再选一张作为备用。集中一张信用卡消费可以累积更多的积分，享受银行更多的优惠。同时，也不会因为频繁使用不同的信用卡而忘记每张信用卡应还款的金额，避免被银行征收高额的罚息，也不必担负过多的年费。

3 选择合适的信用额度

大多数银行会推出一系列的信用卡，如普卡、银卡、金卡、白金卡、钻石卡等，等级越高，透支额度就越大，所要承担的风险也越大，因此通常会收取较高的年费。办理透支额度高的信用卡并不是一种荣誉，关键要看你在生活中是不是真的需要，不能盲目选择。

避免成为"卡奴"

现在很多年青人都很喜欢用信用卡支付，很潇洒，也的确很方便。之所以利用信用卡消费，还有一个优点就是新消费后还钱，这也是诱惑很多人使用信用卡的诱因之一。然而，在使用信用卡的过程中，倘若没有留心往往会陷入信用卡的恶性循环之中，不仅没有省钱反而会因此需要偿还银行高额的利息，慢慢沦为卡奴。如何避免这种情况发生呢？

1. 理性消费　这点是使用信用卡最关键的一点，当手中有卡之后，不能看到什么都想买，而应该根据实际需要理性消费。不仅如此，在选择消费的时候，还应该坚持货比三家，选择便宜实惠的商家消费。

2. 余额提醒　很多信用卡都有余额变动提醒的功能，最好开通这个功能，在每次消费之后都会有信息提醒。这样当每次消费之后，就可以知道自己消费了多少钱，还有多少的额度可用，这样不仅能让自己理性思考下一步的消费，还可以提醒自己不要超过额度消费，防止产生更多的利息费用。

3. 提前还款　虽然使用信用卡比较重视的一点就是能够延长还款时间，不过为了保证还款能及时到帐（尤其是通过其他银行代还款的更要注意，应该一般的代还款都需要1～3个工作日才能到帐，及时到帐的比较少），最好可以提前三天左右去还款。如果是到发卡银行还款就不用这样提前了，只要在还款日之前还款基本就没有问题了。

如何 ┈┈┈> 精打细算

家庭定期批量购物

定期去超市批量购买生活中经常使用的消耗品，既可享受折扣，有的商品还可以送货上门，这样可以节省往返的车费和时间，也可以节省个别买入的差价。

合理地"计较"

在市场购买生鲜食材，一般的还价是不可缺少的，而菜贩都会让一定的价格，最好还要在市场公平秤上重新秤量，这样既节省金钱也避免了自己的损失。

主动寻找廉价商品

一般来说大卖场的绝大多数产品与市场相比，价格便宜质量也相差无几。

家庭定期批量购物

定期去超市批量购买生活中经常使用的消耗品，既可享受折扣，有的商品还可以送货上门，这样可以节省往返的车费和时间，也可以节省个别买入的差价。

用现金结账控制消费

购物刷卡签字就能拿到商品，在心理上不会觉得花钱心疼，从而刺激了支出的增加，因此，购物时用现金结账可以控制消费。

养成记帐习惯

对于家庭的每一笔支出都应该进行记帐和统计，分清主次，从而节减不必要的开支。

预算资金分类放在透明的袋中

透明的袋子可以看到预算资金的余额，这样就可以促使节约，并且携带方便。

注意硬币的管理

把硬币放在零钱盒里，或者把硬币存储在比较固定的地方，这样就能保证零钱不丢失，积少成多。

购物携带购物计划

购买生活日用品的时候，很容易眼花缭乱，在不经意的时候就会买到预算之外的商品。有购物计划就会避免这种无谓的浪费。

合理使用商场积分卡

大多数商场都会给消费者办理积分卡，每次买东西只要带着积分卡，就可以得到相应的积分，这样在积分达到一定程度的时候就可以得到商场的奖励，或者得到赠品。

设立存货记录本

把一周的购物票据贴在纸板上，整理家里现存的物品。这样只要看下纸板就知道已经买过什么东西、还有什么东西，从而更有效地避免重复购买。

网上消费，新人时尚，网购省钱有妙招

随着信息时代的发展，现在人们购物都喜欢行走与商场试穿，手动淘宝购买，虽然在这个购买中会有好几个点的折扣，但是网民们还有更折扣的是你们所不知道的，现在就让我们来教你怎么才能"更"省、"更"好的购物。

首先网上选定所需产品，之后再几家网站中选择质量优，信用好的性价比最强的店铺，在看其客户评价，在到返利网上去看是否有店家返利活动，还要特别注意商家推的优惠活动哦。

精打细算购物

世界经济面临危机，这个小小的家庭也要勒紧裤腰带过日子，精打细算去购物啦！妈妈来到超级市场，日常生活所需虽然应有尽有，可是不要随意购买，一定要遵守家庭经济预算哦！

6 第六章

千里之"行"
——一切从"低碳"开始

汽车巧选购

买车要注意时机

买车就像投资一样，时机是非常重要的。如果昨天您花10万元买了一辆车，只跑了20千米，可是后天车价却降到了8万元，有些得不偿失，所以选车的时机一定要把握好。

年底购车实惠多多

每到年底，厂商都需要清理掉一年中剩余的库存，为下一年的销售计划或新车上市做好准备。经销商和厂家通常都会降低价格或增加售后服务年限等优惠政策来增加销量，以求完成一年的销售计划。

老品牌的新产品

一般来说老品牌都是经过考验和竞争生存下来的，所以老品牌的产品基本都是品质优良、价格合理的。尤其是某些新款式几代以后的产品，都是经过售后服务的返修和技术人员调整更新后的，所以安全系数和品质都是一流的。

买车要考虑变速箱

现在的车多为五挡或六挡，而有的车仅为4个前进挡。挡位多，意味着转速比范围大，跑起来就会省油。汽车的三大件有发动机、变速箱、底盘，可见变速箱质量和水平的重要性。

买车考虑轮毂尺寸

通常人们都认为轮毂尺寸只是简单的美观问题，其实不然。轮毂大，胎的扁平比就大，操控性就好。而且与小轮毂相比，大轮毂的车辆倾移不明显，相对安全性提高很多。所以，买大轮毂的车还是好处多多的。

买车考虑座椅面料

真皮座椅的缺点是冬冷夏热，优点是便于清扫和保养。

布面座椅的优点是冬暖夏凉，缺点是需要经常清洗。尤其是夏天，驾乘者的汗渍容易渗入座椅内部，不好清除。所以，选择座椅面料要根据自己喜好和需要而定。

团购省事又省钱

团购通常分为两种。一种是指某些团体集团通过大量向供应商购物，以低于市场价格或优于现行售后服务的采购行为。第二种是一些厂家为了完成任务或达到一定的市场占有率推出的大额团购活动。消费者可通过单位、中介、网络媒体等，自愿结成购买团体集中砍价、采购，从团购中得到实惠。

贷款购车如何省钱

因每家贷款购车公司的手续费都不同，所以一定要货比三家，比价格、比服务，从中挑选出最优的。贷款购车公司主要是赚买家的购车手续费和保险费的提成钱。建议您与代办保险的人一同去保险，直接与保险公司砍价，可节省大量费用。必须亲眼看到保险单，以免有一些不法的代理公司从中做假保险单赚钱，给您带来不可估计的损失。

省油驾驶小秘籍

汽车贴膜防辐射节油

近年来油价一涨再涨，目前93号汽油已涨至每升5元左右。据有关人士预测，下半年国内油价仍将继续上涨，最终将涨至每升8元左右。

这对于很多私家车主来说，无疑是个越来越大的负担。在这种情况下，节油逐渐成为人们追逐的目标。

最近几年，车市上的节油产品种类越来越多，形成节油装置、汽油添加剂等多个系列。

比如目前市场上比较有名的蓝色太空动力省油涡轮、盖尔动力涡轮节油王、富贵马润滑油、安耐驰等产品，都取得了很多的效果。

然而，汽车贴膜对于车主而言更是一个一次投入可以持续节油的好办法。

冬季为何热车

早晨气温低，发动机经过一夜的放置。使发动机内润滑油都流到了底部，此时发动汽车发动机是干摩擦，磨损最厉害，是最费车的时候。

热车就早上启动那段短暂的时间，比平常你开几万千米都费车。

因为平常开车的时候都有润滑，而启动的时候有一段时间是没润滑的，想想没有润滑，发动机速度那么快，磨损也是相当严重。

热车一般你热到水温上来一般就预示着差不多了，冬天的话，最好等水温高点，这样混合气在汽缸内更好的蒸发，对车有好处。

贴膜防辐射节能降低油耗

汽车贴膜也能节油吗？的确如此。因为太阳膜挡住太阳光线，特别是红外线、紫外线的辐射，有效地控制住密封车厢所形成的温室效应，大大降低汽车空调的油耗，从而达到节能的效果。

在车况基本相同的捷达出租车上添加相同标号、相同容量的汽油，按大致相同的路线及速度行驶近24小时后，结果发现，经过贴膜的捷达车节油近3升，由此可见汽车贴膜的节能效果显著。

很多车主都有过这样的经历，炎热的夏天，车在露天停放，阳光长时间照射，打开车门时，一股热浪迎面袭来，车内变得像"蒸笼"一样让人透不过气来。

虽然可以开空调，但是在夏日高温下长时间使用空调，由于空调无法得到有效的冷却容易因系统温度和压力过高而损坏，且长时间开空调可造成油耗增加。

更不用说汽车发动机超负荷运转还会引起动力不足。这些都是车主应该考虑的问题。

而给汽车贴膜，是目前解决汽车防晒问题最简单最直接的办法，它能有效阻断太阳热量，进而减轻空调负荷，提高燃油效率，缓解汽车发动机负荷，防止车内物品褪色老化，保护车主的皮肤免受有害紫外线的伤害。

汽车贴膜的节油功能，与太阳膜的质量息息相关。假冒伪劣的太阳膜不但使用时间短，起不到节油目的，而且易出现交通事故。贴膜一定要去合法经营的品牌贴膜指定中心安装。这些店在封闭车间施工，施工工艺及售后服务等方面都有保障。而很多街边小店，价格虽便宜，但会因冒牌产品和低劣的施工技术引起纠纷。车主在品牌指定的安装中心里贴膜，一旦出现质量问题，不仅贴膜中心必须负责任，也可向制造商索赔。

汽车贴膜的节油功能，除与太阳膜的质量息息相关外，与贴膜的技术工艺也有很大的关系。贴膜对技术及软硬件要求都很高，比如无尘的环境、专用设备、规范的操作流程以及熟练的技术等等。汽车在贴膜过程中，不能有任何的疵点和杂物颗粒，因为这样都会影响到贴膜对太阳紫外线的隔热。

贴膜防辐射节能降低油耗

因此专业贴膜必须在专用的无尘贴膜车间内施工。无尘贴膜车间不仅仅是有一个与外界隔离的封闭玻璃门，内部应设有纯净水取用处、空调，地面有排水地沟和专用涂料，起到保证车间内的温度、湿度以及降尘除尘的作用。贴膜车间内还要有专用的工作台，物品等要摆放整齐，清洁划一。

在这样的施工环境中的装贴膜，出来的效果绝不是街头露天作业所能及的。不能够完全把水挤干净，留下水泡、气泡，更可能会刮伤车膜。不专业的汽车装饰美容店同样为降低成本，通常使用自制的非专业工具，材质粗糙，功能模糊，往往一物多用。专业贴膜多数是从国外进口，分类清晰，造型精致，易于辨认。

如何正确热车

正确的热车方法，应该是在发动后30秒至1分钟后上路。

但此时千万勿以高转速行驶，应保持在低车速，引擎转速以不超过3000~3500转为限，一般保持2000转。

否则逞一时之快，引擎及变速箱所受到的激烈磨损可是无法复原的。待引擎温度上升至正常工作温度后，再用"个人习惯"的方法开车即可。

空调使用的技巧

夏天开车最痛苦的事情，就是打开烈日下暴晒的汽车车门时，一股热浪扑面而来。怎样能让车内温度快速下降呢？怎样在享受清凉驾驶的同时控制住惊人的油耗呢？

应对油价上涨车主省油有妙招

为应对油价上涨，私家车主精打细算养车"理财"之风逐渐盛行，也许养车记账你并不陌生，但是你见过数千私家车主集体在网上公开晒账吗？

有车族可通过网上在线记账的方式，互相比较养车费用和实际油耗，并从账本中找到节省养车成本的妙招。

对此有不少私家车主纷纷叫好，认为这种网上记录养车账的方式，为应对越来越高的养车成本，起到了应有的科学理财、节省开支的作用。

而且与众多车友一块记账，也能随时交流心得，不再有一个人用纸笔记账时的乏味。

但也有一部分车主认为，当前私家车主的养车压力越来越大，买了车之后不应紧盯着养车费用不放。

记不记账作用不大，应把精力放在工作上，扩大经济收入，才是缓解养车压力的根本办法。

尽管网上记录养车费用在私家车主中存在不同的两种观点，但"理车族"网上记账的做法还是应该得到了一些准车主的支持。

他们认为现在全社会都在倡导建设资源节约型社会，重视养车理财，还是很有必要的。

同时，有一个公开的网络平台能够看到车主真实的养车费用，也为准车主购车时提供了非常重要的参考，其中不少人表示买车后也愿意成为"理车族"。

堵车时打开车窗

在行驶中适当关闭空调对省油帮助不小，因为长时间使用空调会使冷凝器压力过大，这不仅会对制冷系统造成损耗，而且也会降低空调的制冷效果。所以，在车内温度已经让您暑气顿消的时候，不妨将空调关闭一会儿。除了在行驶中适当关闭空调，在堵车的时候最好也让空调歇歇。因为堵车时车辆是在怠速运转，这时候空调的效能也比较低，而且发动机的负担也较大，所以在堵车的时候最好打开车窗吹吹自然风，等车辆跑起来以后再打开空调。

开冷气时将出风口向上

同时，空调出风口的方向也很有讲究。开冷气时将出风口向上，因为冷空气会自动下沉的。另外，空调温度不要调得太低，风速不要太小。自动恒温空调一般车厢内外温差不要超过10℃。非恒温式空调，可先把冷气温度设在最低，风速开到最大，等觉得冷时再把温度调高一点，把风速降一挡，若还是感觉冷，再将温度调高些，然后将风速降下来，反复这样才是正确操作。

车内高温先开空调外循环

夏天停放在烈日下的汽车，车内温度可能高达60℃，这时应先把车门、车窗打开，等2～3分钟热气排出后再坐进去发动汽车，且不要急于关上车窗，先打开空调外循环，待车厢内外温度相近时，再关闭车窗，启用内循环。这样虽然开始时热了点，但避免了发动机启动时过大的负荷，同时空调压缩机也能很快进入到最佳工作状态，所以是最好的选择。内循环使用时间长了会造成车内空气含氧量降低，发动机不完全燃烧产生的一氧化碳等有害气体也可能在车内累积，所以须适时定期切换到外循环模式，让车外新鲜空气进来。

到目的地前先关空调

在到达目的地前3～5分钟关掉空调，不仅可以降低油耗，更能避免空调产生异味，做到一举多得。空调异味的产生，大多是由于空调管道内的冷凝水形成一个阴暗潮湿的环境，使得霉菌的繁衍而造成的。而在停车前几分钟关掉空调，同时适当加大风量，在停车前使空调管道内的温度回升，就可以减少冷凝水的产生而保持空调系统的相对干燥，霉菌自然也就没有了生存的空间。

空调的使用

车载空调是汽车的一大清凉装备，在享受车内空调的清凉时，要做到既健康又省油，需要掌握空调的使用技巧，正确保养与维护空调，同时不要忘记定期给空调"洗澡"。

给空调"洗澡"

烈日炎炎的夏季，在高温作用下，车内的有害气体更容易通过车载空调释放出来，给车内人员的健康带来危害。

在车内狭小密闭的空间内长时间使用空调，不仅使人易患风湿病、关节炎等疾病，而且汽车空调内部附着的很多细菌和可吸入颗粒物，也会引发各种疾病。

空调蒸发箱和通风管道的潮湿环境及表面的灰尘，为霉菌和真菌的滋生提供了温床，霉菌和真菌会很快繁衍为霉菌团和真菌团，产生生物体腐烂性异味。

这些异味会随着空调的打开，夹杂在冷气当中，污染整个车厢内部，因此一定要定期对汽车空调进行消毒。

所以，要尽量减少使用汽车空调，如果经常使用汽车空调，一定要定期对其进行清洁消毒。

其实，清洁空调是一件非常简单的事情。首先将车内的物品取出，避免吸附异味，然后将空调定在外循环挡上，注入空调清洗剂，让风扇持续转动10～15分钟。之后将汽车的灰尘滤清器取下，再将空调定在内循环挡上，同时把清洗剂喷到灰尘滤清器处。这样，各种细菌与污物就会随着排水管流出车外，从而达到清洁消毒的作用。

值得注意的是，使用空调后车内的气味往往变得非常令人不舒服，为了改善车内的气味，很多车主选择用香水来遮味，这种做法不仅治标不治本，而且现在市场上所销售的车用香质量不同，车内味道变香了，但空气质量却遭到了破坏。因此，一定要慎用汽车香水。

自己动手检测空调

　　正确保养与维护，不仅可提高车载空调的寿命，而且可保持空调系统良好的工作状态。反之，如果忽视保养和维护，汽车空调就会经常闹"情绪"，出现冷媒泄漏和制冷不良等现象。空调系统故障处理，对设备、配件和维修人员的要求都比较高，所以最好到4S店或者正规修理厂进行检修。

　　但是几项常规的检测和保养，车主则有必要掌握。如果汽车空调出现制冷不良，车主可以检查空调系统软管和管接头是否有油迹，如果有，就需要到4S店做进一步检修了。还要检查冷凝器风扇是否有泥沙、石块等污垢。冷凝器是一种热交换的设备，所以必须经常清洁冷凝器，车主可以在清洗车的时候用高压枪清洗冷凝器，使之保持清洁，从而也会大大提高空调系统的制冷效果。

　　另外，压缩机皮带过松会造成空调系统制冷不良。如果打开空调时听见"吱吱"的声音，并且皮带表面与皮带轮槽接触侧面光亮，说明皮带打滑严重，应更换皮带和皮带轮。

　　1.清洁车身：可以采取用纯棉洗车巾擦洗。要认真清理车栅、车灯周围缝隙、把手等难于清理的地方，建议擦两遍。

　　2.洗涤漆面：使用洗车液清洁车身，调理剂溶解表面的任何细小污点。

　　3.打蜡：一定要保证打蜡前漆面是没有尘土的，用打蜡纸或海绵先用水润湿，蘸少许蜡，把蜡打上去，用直线反复的方法打蜡，

　　4.抛光：在阴凉处等待蜡质干燥，一般20～30分钟。擦净变亮即可。

冬天热车不易过

　　许多车主单纯地认为热车是把车热起来，其实不然热车并不只是把水温热起来，而是让润滑系统正常工作。

定期清理汽车燃油系统

汽车行驶一段时间后，燃油系统就会形成一定的沉积物。沉积物的形成和汽车的燃油直接有关。

首先是由于汽油本身含有胶质、杂质，或储运过程中带入的灰尘、杂质等，日积月累地在汽车油箱、进油管等部位形成类似油泥的沉积物。

其次是由于汽油中的烯烃等不稳定成分在一定温度下，发生氧化和聚合反应，形成胶质和树脂状的粘稠物。这些粘稠物在喷油嘴、进气阀等部位，燃烧时，沉积物就会变成坚硬的积炭。另外，由于城市交通拥堵，汽车经常处于低速和怠速状态，更会加重这些沉积物的形成和积聚。

燃油系统沉积物有很大危害。第一、沉积物会堵塞喷油嘴的针阀、阀孔，影响电子喷射系统精密部件的工作性能，从而使燃油喷射变形并降低了其正常流量，导致动力性能下降。如果是化油器发动机，沉积物会积聚在化油器内，尤其是在油量孔、怠速量孔附近，从而导致发动机怠速不稳、容易熄火和耗油量增大等。第二、沉积物会在进气阀形成积碳，致使其关闭不严，而使燃烧室缸压下降甚至回火，导致发动机怠速不稳、油耗增大并伴随尾气排放恶化。第三、沉积物会在活塞顶和气缸盖等部位形成坚硬的积碳，由于积碳的热容量高而导热性差，容易使燃烧室局部过热、汽油预燃而引起发动机暴震等故障；同时随着积碳的持续积累，会使燃烧室体积减小，发动机的压缩比增大，对汽油辛烷值需求增加而导致油耗增大；此外还会缩短三元催化器的寿命。

汽车养护也能省钱

认识汽油的种类和牌号

　　汽油的种类和牌号，是我们认识汽油和使用汽油的依据。

　　作为一名私家车拥有者，我们只有了解了这方面的知识，才能够知道正确地使用汽油。

自己动手检测空调

　　正确保养与维护，不仅可提高车载空调的寿命，而且可保持空调系统良好的工作状态。反之，如果忽视保养和维护，汽车空调就会经常闹"情绪"，出现冷媒泄漏和制冷不良等现象。空调系统故障处理，对设备、配件和维修人员的要求都比较高，所以最好到4S店或者正规修理厂进行检修。

　　但是几项常规的检测和保养，车主则有必要掌握。如果汽车空调出现制冷不良，车主可以检查空调系统软管和管接头是否有油迹，如果有，就需要到4S店做进一步检修了。还要检查冷凝器风扇是否有泥沙、石块等污垢。冷凝器是一种热交换的设备，所以必须经常清洁冷凝器，车主可以在清洗车的时候用高压枪清洗冷凝器，使之保持清洁，从而也会大大提高空调系统的制冷效果。

　　另外，压缩机皮带过松会造成空调系统制冷不良。如果打开空调时听见"吱吱"的声音，并且皮带表面与皮带轮槽接触侧面光亮，说明皮带打滑严重，应更换皮带和皮带轮。

　　1.清洁车身：可以采取用纯棉洗车巾擦洗。要认真清理车栅、车灯周围缝隙、把手等难于清理的地方，建议擦两遍。

　　2.洗涤漆面：使用洗车液清洁车身，调理剂溶解表面的任何细小污点。

　　3.打蜡：一定要保证打蜡前漆面是没有尘土的，用打蜡纸或海绵先用水润湿，蘸少许蜡，把蜡打上去，用直线反复的方法打蜡，擦净变亮即可。

　　4.抛光：在阴凉处等待蜡质干燥，一般20～30分钟。

148

汽油的种类

目前，我国汽油按组成和用途不同分为车用无铅汽油、车用乙醇汽油和航空汽油三种。

车用无铅汽油

车用无铅汽油英文名为ULP，外观为透明液体，主要是由C4～C10各族烃类组成，按研究法辛烷值分为90号、93号、95号三个牌号。具有较高的辛烷值和优良的抗爆性，用于高压缩比的汽化器式汽油发动机上，可提高发动机的功率，减少燃料消耗量；具有良好的蒸发性和燃烧性，能保证发动机运转平稳、燃烧完全、积炭少；具有较好的稳定性，在贮运和使用过程中不易出现早期氧化变质，对发动机部件及储油容器无腐蚀性。

目前市场上所见到的97号、98号汽油产品执行的产品标准均为企业标准。与GB17930－1999标准所属产品相比，具有更高的辛烷值和优良的抗爆性。

车用乙醇汽油

乙醇是以高粱、玉米、小麦、薯类等为原料，经发酵、蒸馏而制成的。将乙醇液中含有的水进一步除去，再添加适量的变性剂可形成变性燃料乙醇。车用乙醇汽油是将变性燃料乙醇和汽油以一定的比例混合而形成的一种汽车燃料。

使用这种燃料不但可以节省石油资源和有效地减少汽车尾气的污染，还可以促进农业生产。

航空汽油

航空汽油是用作活塞式航空发动机燃料的石油产品。具有足够低的结晶点（－60℃以下）和较高的发热量，良好的蒸发性和足够的抗爆性。

汽油的性能指标

汽油的性能指标是汽油质量的最直接反映，因此我们只有了解它，才能够把握汽油的质量。汽油主要性能指标的确定，包括以下几个方面：即抗爆性、挥发性、防腐性、安定性和清洁性。

汽油的牌号

汽油是按其辛烷值来划分牌号的，辛烷值是表示汽油抗爆性的指标，它是汽油最重要的指标之一。

辛烷值越高，汽油的抗爆能力就越好。辛烷值有两种测定方法：一种是表示汽车在接近长途公路上行驶时或大功率重负荷下工作的汽油抗爆性，称为马达法辛烷值；另一种是表示汽车在接近城市道路上行驶时汽油的抗爆性，称为研究法辛烷值。我国曾长期用马达法辛烷值标定汽油牌号，有66、70、75、80、85五个牌号。

随着我国城市用车及高性能汽车拥有量的不断增加，并考虑到与国际通用标准接轨的需要，我国重新颁布了以研究辛烷值标定的汽油牌号，有90、93、95、97等牌号。90号油表示它的辛烷值不低于90，93号油表示它的辛烷值不低于93，依此类推。

汽油并非牌号越高越好使

汽油牌号选择的主要依据是发动机的压缩比。压缩比、点火提前角等参数已经在发动机电脑中设置好了，车主应严格按照使用说明的要求选择汽油。现代汽车的发动机电脑程序中，对抗爆性较差的汽油设置了进行微调节的适应性程序，而对高牌号汽油则没有相应的程序。所以，如果低压缩比的发动机盲目使用高辛烷值的汽油，不仅经济上造成浪费，还会引起着火慢，燃烧时间长，以致燃烧热能不能充分转变为功率，在行驶中产生加速无力的现象，其高抗爆性的优势无法发挥出来。

150

汽油的清洁性

汽油的清洁性是指汽油中是否含机械杂质和水分。

汽油的防腐性

汽油的防腐性是指汽油阻止其接触的金属被腐蚀的能力。国家标准规定车用汽油的硫含量不大于0.15%。

汽油的挥发性

汽油由液体状态转化为气体状态的性能叫做汽油的挥发性。汽油挥发性好，容易汽化。与空气混合均匀，燃烧速度快，燃烧完全，可提高发动机动力性、经济性；且可保证启动容易，加速及时，各工况转换柔和。

挥发性不好的汽油汽化不完全，造成燃烧不完全，增加油耗及排放污染，没有完全燃烧的油滴还可能破坏缸壁机油膜，增加磨损。汽油的挥发性可用馏程和馏出温度表示。

汽油的安定性

汽油在正常的储存和使用条件下，保持其性质不发生永久变化的能力，称为汽油的安定性。

安定性差的汽油，容易发生氧化反应，生成胶状物质和酸性物质，使辛烷值降低，酸值增加，颜色变深。

使用这种汽油，易堵塞电喷式发动机的喷嘴，气门黏结关闭不严，积炭增加，气缸散热不良，火花塞积炭导致点火不良等故障，使维修费增加。

评定汽油安定性的指标主要有实际胶质量和诱导期。

了解高清洁汽油的特性

高清洁汽油是以无铅汽油为基础，按照比例添加一种多效汽油清洁复合添加剂而构成的新品种汽油。

与普通汽油或无铅汽油相比，它除了能满足普通汽油的各项质量指标要求外，由于加入了多效复合添加剂，从而增强了清除各种沉积物的能力，提高了经济性，还降低了排气污染。

选用高清洁汽油的好处主要有以下几个方面：

减少环境污染　汽油抗爆性是指汽油在发动机的气缸内燃使用高清洁汽油，与使用普通汽油相比，尾气排放一氧化碳平均下降57.8%，碳氢化合物平均下降40.3%。

保持清洁　使用高清洁汽油，能够保持新车发动机燃油供给系统的清洁，如喷嘴或化油器、油道、进气阀、火花塞、燃烧室等部件，在汽车运行中不生成油垢、胶状物和积炭，不需要再定期清洗，省时省力省钱。

清除积炭　改用高清洁汽油，可清除由于未使用高清洁汽油、发动机燃油供给系统各部位已经形成的油垢、胶状物和积炭。这不仅节约了人力物力，而且可以避免因上述问题造成的机件磨损和配件损坏带来的经济损失。

节省燃油　节省燃油也是选用高清洁汽油的一个重要理由。如今的高油价使人人都感到用车成本的压力，而使用高清洁汽油，使汽车的燃油系统提高了雾化能力，使发动机功率得到了充分发挥，可节省燃油达5%；如果常年计算下来，这样显然不是一个小数目。

改善驾驶性能　汽车的驾驶性能是衡量汽车实用性的重要指标。而使用高清洁汽油，可以对发动机的启动、转速、提速等多个指标加以改善，这显然会大大提高车辆的使用效率。

延长发动机使用寿命　使用高清洁汽油，可以使发动机的化油器、喷嘴的使用寿命延长，减少维修更换部件费用。从使用成本的角度看，这同样是选用高清洁汽油的重要理由。

高清洁汽油适用于各种汽油发动机的车辆，尤其适用于电控燃油喷射发动机汽车。因此说高清洁汽油适用于所有汽油车，对电喷发动机汽车尤其有利。

汽油的抗爆性

汽油抗爆性是指汽油在发动机的气缸内燃烧时，防止产生爆燃的能力。抗爆性是汽油最重要的性能指标。

汽油的抗爆性用辛烷值评定，辛烷值高的汽油抗爆性好，国产汽油的牌号就是用辛烷值表示的。

爆燃是汽油机的一种不正常燃烧。它是在特定的情况下，当混合气已燃烧了2/3或3/4时，由于受到气缸温度，压力上升影响，在未燃部分的混合气中产生大量不稳定的过氧化物。

在正常火焰前锋未到之前，由于剧烈氧化而自燃，产生许多火焰中心，火焰传播极快，形成压力脉冲，使气缸内产生清脆的金属敲击声。

爆燃使机件过快磨损，热负荷增大，噪声增大，功率下降，油耗上升。

因此，应尽量减轻和避免爆燃发生。抗爆性好的汽油允许发动机采用较高的压缩比，从而提高了动力性和经济性。

小小电动车的保养之道

一、严禁存放时亏电

蓄电池在存放时严禁处于亏电状态。亏电状态是指电池使用后没有及时充电。在亏电状态下存放电池，很容易出现硫酸盐化，硫酸铅结晶物附着在极板上，会堵塞电离子通道，造成充电不足，电池容量下降。亏电状态闲置时间越长，电池损坏越重。因此，电池闲置不用时，应每月补充电一次，这样能较好地保持电池健康状态。

二、定期检查

在使用过程中，如果电动车的续行里程在短时间内突然大幅度下降十几公里，则很有可能是电池组中最少有一块电池出现问题。此时，应及时到本公司的销售中心或代理商维修部进行检查、修复或配组。这样能相对延长电池组的寿命，最大程度地节省您的开支。

三、避免大电流放电

电动车在起步、载人、上坡时，尽量避免猛踩加速，形成瞬间大电流放电。大电流放电容易导致产生硫酸铅结晶，从而损害电池极板的物理性能。

四、正确掌握充电时间

在使用过程中，应根据实际情况准确把握充电时间，参考平时使用频率及行驶里程情况，把握充电频次。正常行驶时，如果电量表指示红灯和黄灯亮，就应充电了；如只剩下红灯亮，应停止运行，尽快充电，否则电瓶过度放电会严重缩短其寿命。充满电后运行时间较短就充电，充电时间不宜过长，否则会形成过度充电，使电瓶发热。过度充电、过度放电和充电不足都会缩短电瓶寿命。一般情况蓄电池平均充电时间在10小时左右。充电过程如电瓶温度超过65℃，应停止充电。

五、防止暴晒

电动车严禁在阳光下暴晒。温度过高的环境会使蓄电池内部压力增加而使电池失水，引发电池活性下降，加速极板老化。

六、避免充电时插头发热

220伏电源插头或充电器输出插头松动、接触面氧化等现象都会导致插头发热，发热时间过长会导致插头短路或接触不良，损害充电器和电瓶，给您带来不必要的损失。所以发现上述情况时，应及时清除氧化物或更换接插件。

七、电动汽车的清洗

电动车的清洗应按照正常洗车方法，清洗过程中应注意避免水流入车体充电插座，避免车身线路短路。

在以下情况下，将引起油漆层的剥落或导致车身和零部件腐蚀，须立刻清洗车辆。

抱怨油价太高，不如上班骑车

　　不知从什么时候开始，我们的城市已经形成了一种习惯，上下班不骑自行车就做公交车，要远距离出行才驾驶私家车。低碳、环保出行，我们的天一天比一更蓝，我们的身体一天比一天更健康。自行车，成了我们低碳环保生活中的重要交通工具。

花钱健身，不如爬楼梯

　　爬楼梯与爬山有所不同。山地往往不规则，静息机会较多；楼梯规整，多数情况比山坡更陡，垂直角度更大，平均每步消耗体力也就更多。有人计算，爬楼梯10分钟要消耗220千卡热量，有六层楼高度往返两次，相对于陆地平跑1500米。裨益于心脑血管性疾病预防的效果得到了公认。据多年观测，居住于五、六层以上的居民，每天步行上、下楼三次，心脑血管性疾病的死亡率可下降25%。医学家戏称每登一级楼梯，寿命可延长4秒钟。健身效应十分可观。

要旅行，不要碳足迹

　　1.旅游生产的低碳化。针对旅游产业而言，低碳旅游实际上是在经济领域对旅游产业的一场深刻的能源经济革命。宾馆饭店、景区景点、乡村旅游经营户等旅游生产企业应积极利用新能源新材料，广泛运用节能节水减排技术，实行合同能源管理，实施高效照明改造，减少温室气体排放，积极发展循环经济，进而推动旅游产业的升级，带动旅游产业以及下游产业的技术进步，提高整个产业链的资源生产率，最终达到在低资源消耗、低能源需求的前提下取得更好的经济发展。

　　2.旅游消费的低碳化。针对旅游消费者而言，低碳旅游首先是一种低碳化的生活方式，在旅行中尽量减少碳足迹与二氧化碳的排放，比如个人出行中携带环保行李、住环保旅馆、选择二氧化碳排放较低的交通工具等。同时，对于旅游者而言，低碳旅游还是新技术、新理念的体验，比如参与碳中和旅游活动，既是一种享受也是一种责任。

少修理、多省钱

　　减少修理频率是省钱的一个重要途径，但是汽车在使用中由于磨损等原因，总是会出问题的。汽车的损坏多数是由于没有定期检测或没及时维护造成的。而零部件老化和疲劳等造成的正常损坏只占少数。所以对汽车进行"定期检测，强制维护"是减少修理的最佳方法。

　　"定期检测，强制维护"能及时发现和消除故障及隐患，这样及时地将可能出现的问题消灭在萌芽之中，不仅提高了车辆的技术状况，而且保证了车辆安全运行。车子平时没有什么毛病了，当然就减少了修理频率，达到了节约修理费用的目的。

节约维护保养费用的小途径

　　节约维护保养费，首先要知道维护保养费用包括哪些内容。具体来说，汽车维护保养所要支付的费用主要有以下几项：

　　1.汽车在维护保养前首先要做必要的检测，所以汽车检测费用是必须的；另外，维护中需要使用一些贵重设备，这些贵重设备的使用费，也是不可少的。

　　2.维护保养虽然是在汽车基本没有问题的情况下进行的，但也不能说一点儿也不需要维修，所以维护保养中的小修、配件费还是会产生的。但该费用最好是单独核算。

　　3.维护保养所需要的原材料费用，如各种润滑材料，各种滤清器、滤芯及配换的螺栓螺母及垫圈、密封垫（圈）等的费用。

　　4.维护保养作业的工时费。

　　5.维护中的其他费用。

　　汽车维护保养费用是汽车使用中需要定期和经常支付的费用，在汽车维修费中占有较大的比重。因此，节省维护保养费用是汽车节省费用的重要途径。

避免修车中的误区

用车必须懂得如何保养车，不重视平时保养，等出了问题再解决，这是私家车的用车大忌。用车的表现各有不同，下面主要讲讲修车中的一些误区。

一有时间就拆检

有些过于细心的车主，他们认为要想汽车不出毛病就要经常把车拆开检查检查，"保养维修"一下。其实这与上面谈到的同样是一种错误的观念与做法。

只知修理不知保养

这些人大都存在不太重视汽车的保养维护，在使用汽车时不按时保养汽车，只知道用车；直到汽车有问题才去修理厂检修，使本来只需维护保养就能解决的问题，发展到机件损坏或总成报废，只能花大费用才能解决的严重地步。

随意扩大修理范围

有人在保养或修理汽车时，抱着彻底解决问题不留后患的心理，总习惯对修理的部位大拆大卸，认为只有这样才可以减少故障隐患。

但是他们不知道这样做，恰恰对汽车极为不利，会影响汽车机件之间已经磨合良好的配合面，破坏汽车机件装配的精确度，进而使汽车出现故障或性能下降等情况发生。

汽车修理标准

下面就是考察汽车修理厂技术服务水平的几个要点：

1. 看资质：要了解该修理厂是否有国家颁发的等级证书，整车或专业零部件生产厂家的认定证书。2. 看库房：看看该修理厂是否有专门的零部件仓库，如果有说明零部件的管理是严格可信的。3. 看设备：看看该修理厂是否有专用的诊断设备、维修设备和专用维修工具。4. 看停车场：看看停车场里的车多不多，大部分车型属于哪个类型，是否与自己的车相同。因为修理工技术的高低有很大的一部分在于经验的积累。5. 看管理：看看该修理厂是否有严格的管理制度。如车辆进出厂交接制度，检验制度以及出厂保修制度、员工服装、设备工具摆放及工作环境是否整洁等。

今天，你低碳了吗

在全球变暖的今天，人们的一举一动都可以用"碳"来计算。当你在享受高科技、高品质的生活时，可以多问一句，我今天有没有为减碳做些什么呢？

专家告诉我们，其实只要稍微用点心，健康低碳，其实并不难。

空调都调高一摄氏度节电33亿千瓦时

夏天空调温度过低，不但浪费能源，还削弱了人体自动调节体温的能力。只要把空调调高一摄氏度，全国每年节电33亿千瓦时。

点亮节能灯省电看得清

一只11瓦节能灯的照明效果，顶得上60瓦的普通灯泡，而且每分钟都比普通灯泡节电80%。

用完电器拔插头省电又安全

看完了电视和DVD，要将电源拔下才彻底不耗电。如果人人坚持，全国每年省电180亿千瓦时，相当于三座大亚湾核电站年发电量的总和！

无纸办公效果好节能环保双丰收

多用电子邮件、MSN等即时通讯工具，少用打印机和传真机。如果全国的机关、学校、企业都采用电子办公，每年减少的纸张消耗在100万吨以上，节省造纸所消耗的能源达100多万吨标准煤。

多乘公汽出行减少地球负担

　　多乘坐公交车、地铁出行，在市区同样运送100名乘客计算，使用公共汽车与使用小轿车相比，道路占用长度仅为后者的1/10，油耗约为后者的1/6，排放的有害气体更可低至后者的1/16。

太阳能热水器省电又省气

　　每个家庭安装2平方米的太阳能热水器，就可以满足全年70%的生活热水需要。

减少一次性塑料袋使用

　　由于塑料袋日常用量极大，如果全国减少10%的塑料袋使用量，那么每年可以节能约1.2万吨标准煤，减排二氧化碳3.1万吨。

低层少用电梯

　　目前全国电梯年耗电量约300亿千瓦时。通过较低楼层改走楼梯，多台电梯在休息时间只部分开启等行动，大约可减少10%的电梯用电。全国60万台左右的电梯采取此类措施每年可节电30亿千瓦时，相当于减排二氧化碳288万吨。

减少一次性木筷子使用

　　全国减少10%的一次性筷子使用量，那么每年可相当于减少二氧化碳排放约10.3万吨。

打造低碳装修家园小贴士

　　"低碳"是一个涵盖内容非常广的概念，所有能够降低二氧化碳排放的方式都可以统称为低碳，包括工业生产上的节能减排、建筑的绿色设计、汽车的节能。低碳生活对于家居来讲，也能尽量节约能源，减低有害物质的排放。

简约大方最利于节能

　　近几年来，简约的设计风格渐渐成为家庭装修中的主导风格。而简约的风格恰恰就是家装节能中最为合理的关键因素，当然简约并不等于简单，只要设计考虑周全，简约的风格是很适宜现代装修，特别是年轻人的装修来使用的。而且这样的设计风格能最大限度地减少家庭装修当中的材料浪费问题。通透的设计如今也慢慢被越来越多的业主所接受，而这样的设计在保持通风和空气流通的同时，也很大程度上减少了能源浪费。

色彩回归环保自然

　　以前的家总是千篇一律的白色，随着化工产业的发展，家居的颜色越来越多。其实色彩的运用也是关系到节能的，过多使用大红、绿色、紫色等深色系其实就会浪费能源。

　　特别是高温时节，由于深色的涂料比较吸热，大面积设计使用在家庭装修墙面中，白天吸收大量的热能，晚上使用空调会增加居室的能量消耗。

绿色建材筑就低碳生活

在装修过程中，其实可以更多在一些不注重牢度的"地带"使用类似轻钢龙骨、石膏板等轻质隔墙材料，尽量少用粘土实心砖、射灯、铝合金门窗等。而在一些设计上也可以考虑放弃，比如绝大多数家庭只是偶尔使用的射灯和灯带，其实是造价不菲的设计，很可能成为一大浪费。完全可以通过材质对比、色彩搭配等各种手段，替代射灯和灯带。此外，搬新居时，能继续使用的家具尽量不换。多使用竹制、藤制的家具，这些材料可再生性强，也能减少对森林资源的消耗。

低碳生活，家居业似乎已经领先一步。从环保材料到环保装修，从砍伐树木到建设速生林，从发光顶设计到太阳能灯具……

简约设计风潮再回归

"近年来，尽管家装风格概念一直在不停变换，现代简约的设计风格始终是主流。"瑞家装饰设计师说，许多中高端的客户主动提出，拒绝采用过去那种崇尚奢华的家装设计理念，改走简约路线，以自然通风、自然采光为原则，减少空调、电灯的使用几率，节约装饰材料、节约用电、节约建造成本。

设计师建议，简约装修要遵循"少改动少修饰"的原则。即使房间结构存在很多问题，也不要大规模改动。消费者可以和设计师多沟通，用其他办法解决或弥补。房间中少用隔断等装饰手法，尽量用空间的变化来达到效果。如果一定要使用隔断，尽可能将其与储物柜、书柜等家具合二为一，减少其独立存在的机会，增大室内空间。另外，减少隔断的设置，还可以加速室内空气流动，减少空调、电扇等家用电器的耗能。

充分利用可循环材料

　　家居行业的原材料在采集、生产制造和运输时都需要耗费大量的能源，能够做到"低碳"、"可持续发展"的不多。"家装设计正在流行'天然风'，并非只为了迎合田园式、乡村式的风格。"华泰经典装饰设计师认为，家装流行"天然风"的意义在于它对自然环境的保护，建议业主在选择木材、棉花、金属、塑料、玻璃、藤条时，要尽可能地使用可循环利用的材料。

　　在装饰材料的选择上，很多人并非不注重环保，而是容易陷入一些认识上的误区。在装修过程中，其实可以更多地选择一些类似轻钢龙骨、石膏板等轻质隔墙材料，少用黏土实心砖、射灯、铝合金门窗等资源浪费较大的材料，也可以从侧面降低家装工程的碳排放量。

　　一些家居配饰师也认为，在家居生活中合理利用废旧物品对于营造"低碳"的生活环境同样意义重大。比如，将喝过的茶叶晒干做枕头芯，不仅舒适，还能帮助改善睡眠；用废纸壳做烟灰缸，随用随扔，省事且方便。这些毫不起眼的废物经过精心的DIY，都可以变废为宝，让自己的家变得更环保、更温馨，又充满实现创意的欢乐。

节约能源

　　低碳家居的核心是节能，但是节能并不意味着要牺牲居住的舒适度，并非就是要把空调或采暖系统关了。其实低碳生活是一种态度，就是在对人类生存环境影响最小，甚至是有助于改善人类生存环境的前提下，让人的身心处于舒适的状态。比如，利用太阳能等可再生能源进行照明和供暖；还有欧洲现在建设了很多零排放建筑，隔热效果非常好，在自然通风的条件下，隔热层可以把室内温度调控到一个合适的水平。

　　人类生活活动需要消耗能量，并释放大量的二氧化碳。科学家发现，近200年来空气中的二氧化碳含量已经上升30%，人们普遍认为各类极端气候都和此有关。人们开始呼吁"低碳经济，低碳生活"。这是在不降低生活质量的前提下，利用高科技以及清洁能源，减少能耗，减少污染的生活模式。

低碳生活多素食，**25**种素食营养贴士

沙田柚

所含的丰富维生素C，可预防黑斑、雀斑和消除皱纹。

选购贴士：

果大、重身
果皮以薄身并带
有光泽为最好。

桔子

味甜多汁，柑皮比橙皮略粗厚，松软易剥。用洗干净的柑皮泡茶喝，有止咳化痰之效。

选购贴士：

皮薄且柔软，有
光泽，无斑点。

火龙果

含有植物性蛋白、花青素。具有抗氧化、抗衰老的作用。含有美白皮肤的维生素C。丰富的水溶性纤维，有润肠作用。

选购贴士：

火龙果越重，代表越多汁、果肉丰满。

表皮的红色部分有点粗、暗红，果身浑圆饱满，方为上品。

富士苹果

欧洲EureGAP验证，确保栽培与收采后的处理程序安全卫生。

山东特产，苹果中的水溶性食物纤维，有助降低胆固醇。所含果酸、柠檬酸有消除疲劳的效用。

选购贴士：

形状以圆浑饱满
色泽带红较好。

连皮吃所摄取的
纤维素比去皮吃
为高。

奇异果

欧洲EureGAP验证，确保栽培与收采后的处理程序安全卫生。

维生素C含量远远高于同等份量之水果。具抗氧化及延缓皮肤衰老效用的维生素E。

选购贴士：

品尝完熟甜美的金奇伟果，味道最为香甜。

每日食2个，即可足够一天所需的维生素C。

哈密瓜

味极香甜，含丰富果糖补充体力。

有着多种维生素、钙、磷及铁质等。

选购贴士：

外表呈黄色较为甜美，为即开即食之选。

瓜皮表面网纹够深及粗为上品。

蕃茄（西红柿）

所含胡萝卜素，对眼睛保健很有帮助。蕃茄红素和维生素C，对提高身体免疫能力有一定效用。

选购贴士：

视乎购买时成熟程度，一般室温下可存放5天，雪柜蔬果格约7天。

饭前小食，开胃又健康。

绍菜

又名黄芽白，北方称之为大白菜。属于粗纤维素蔬菜，能促进肠道蠕动。

选购贴士：

购买时留意菜叶有没有斑点，还要认清菜心部份。

属耐放蔬菜，可分多次食用而仍保持新鲜甜美。

橙

含大量纤维素、维生素C、钾等。属一年四季皆宜的水果。

选购贴士：

较重身表示果肉较为多汁。

每日一个，足够一日所需的维生素C。

泰国金柚

鲜甜多汁，营养价值高，1个金柚的维生素C含量为橙及柠檬的3倍。做泰式沙律的不二之选。

选购贴士：

产地来源至为重要，来自泰国的较有保证。

皮薄重身为良品柚子，其果肉较嫩、多汁、味甜。

西瓜

高水份及天然果糖，清热解暑。含丰富维生素B_1及B_6，有益身体。

选购贴士：

洒少许餐桌盐能产生奇妙作用，感到瓜肉更甜。

食用前存放于冷藏柜约2小时，口感更好。

黑美人西瓜

体积小、甜度高、瓜肉多汁，含维生素A、C等。清热消暑、生津解渴。

选购贴士：

洒少许餐桌盐能产生奇妙作用，感到瓜肉更甜。

食用前存放于冷藏柜约2小时，口感更好。

西芹

有效降低血压。低热量并含丰富纤维，有助畅通肠道。

选购贴士：

茎部粗壮，外皮散发自然光泽。

清水洗净切段，蘸上忌廉芝士最为小孩所爱！

椰子

具有滋润、清热解渴、益气生津之功效。味道清甜而凉润喉，含丰富维生素及矿物质等。

选购贴士：

顶端呈三棱稍坚实，为鲜嫩之选。

椰皇属性为寒凉，有消暑解热之效。

嘉拿苹果

香味浓郁，外表的红色有条纹，含苹果酸和柠檬酸，有助消除疲劳。

选购贴士：

颜色鲜艳，外型平均较好。

连皮吃所摄取的纤维素比去皮吃为高。

西柚

低卡路里，高纤维对身体有益，含丰富维生素C，可预防黑斑，雀斑和消除皱纹。

选购贴士：

重身，皮薄，有光泽果皮以橙色带粉红为最好。

青椰菜

含胡萝卜素，具低脂肪，低热量的优点，椰菜属于粗纤维素蔬菜，能促进肠道蠕动。

选购贴士：

椰菜老嫩凭叶脉粗幼为依据。

叶太青绿虽不够稔甜，但营养则较好。

生菜（西洋菜）

营养丰富，为保健型蔬菜，爽脆鲜嫩，适合生食。

选购贴士：

百搭之选，无论做沙律、三文治、上汤皆宜。

当矜贵的罐头鲍遇上朴素的西生菜，原来一尝珍馐美味是那么简单！

鲜橙

含大量纤维素、维生素C、钾等。属一年四季皆宜的水果。

选购贴士：

较重身表示果肉较为多汁。

每日一个，足够一日所需的维生素C。

菲律宾芒果

含大量维生素A、C、及纤维素等。具有丰富果糖补充体力。

选购贴士：

表皮光滑，果蒂四周无黑点为上品。

果皮起皱为完熟，为即开即食之选。

洋葱

含丰富纤维，有效增加肠脏蠕动。洋葱所含的硒（Selenium）为抗氧化剂，可增加细胞活力和新陈代谢。

选购贴士：

外表较完整、没有损伤或裂开较好。

于西餐中被誉为"菜中皇后"，有相当高营养价值！

木瓜

又称万寿果，维生素A，C含量特别高。蕴含的胡萝卜素，有效对抗加速衰老的游离基。

选购贴士：

外表色泽带黄且无斑点，果蒂部份无枯为上品。

作鲜果生吃的以半生熟的程度最为合适。

布李（赖李）

具有高量的食用纤维，促进肠道蠕动。含多种抗氧化物，有效延缓衰老。

选购贴士：

表皮光滑，散发自然光泽为至好。

完熟布李果肉质感较稔但味道甜美。